广东 主要农业 外来入侵生物

Main Agricultural
Alien Invasive Organisms
in Guangdong Province

孙 岩　王发国　主编

中国农业出版社
北 京

编委会

主　任：饶国良　李君略

主　编：孙　岩　王发国

副主编：周凯军　黄玩群　李志刚　戴文举　廖宇杰

编　委：林科峰　李　军　程欣欣　周超贤　李冬琴

　　　　高传部　聂丽云　郝贝贝　王斯帆　曾　娥

　　　　刘　帆　刘一锋　黄婉薇　李海锋　叶　芳

　　　　曾招兵　邓　婷　吴乐芹　舒先江　徐守俊

摄　影：王发国　李志刚　王瑞江　刘万学　秦新生

　　　　胡诗佳　徐齐云　赵红霞　韩诗畴　严　珍

　　　　张润志　蔡江桥　黄少彬

广东省农业环境与耕地质量保护中心（广东省农业农村投资项目中心）

Main Agricultural Alien Invasive Organisms
in Guangdong Province

前　言

　　外来入侵物种是导致生物多样性丧失最重要的因素之一，已成为全球性的环境问题。随着全球经济一体化、国际贸易和旅游业的蓬勃发展，外来入侵物种由于人类活动无意或有意的行为引进的机会大大增加，全球气候变化、自然生境和生态系统退化进一步加剧了外来入侵物种的危害。外来入侵物种问题已受到国际社会的广泛关注。

　　近年来，随着人口增加和经济发展，人类活动的范围、频度和强度不断加大，从而为生物入侵提供了更大的潜力，使入侵生物对生物多样性和人类生存环境造成了严重的危害。因此，生物入侵已成为当今各国发展的一大挑战，南方沿海地区是我国生物入侵危害最严重的地区（万方浩等，2009）。

　　广东位于中国大陆最南部，面积约17.98万km²，属东亚季风气候区的南部，太平洋东南季风带来饱和的湿度和充沛的降水量，境内光、热、水资源丰富。全省南北横跨热带和亚热带，地形地貌复杂，地势北高南低，北部多为山地和高丘陵，向南依次为低山、丘陵和沿海台地、平原，土壤以红壤和赤红壤为主。各地植被类型多种多样，主要有中亚热带典型常绿阔叶林、南亚热带季风常绿阔叶林、北热带季雨林、针阔混交林、亚热带针叶林、红树林、竹林、灌丛、灌草丛、湿地，另有大量的各种类型人工林，以及水稻田、甘蔗园和茶园等栽培植被。由于广东特殊的地理位置和日益增长的外贸、旅游交流，生境比较脆弱，在外来种入侵方面面临的压力也日益增大。

农业生态系统中的外来种入侵是指外来种在自然分布区以外的农业生态系统中存活、繁殖及建立可持续种群，并直接或间接危害作物生产的生物学现象(强胜等，2010)。外来入侵植物是指那些借助人力或自然力，从其原产地到新栖息地的植物，它们通过归化自身建立可繁殖的种群，在新栖息地域失去控制暴发性扩散，侵入地的生物多样性下降，使其生态环境受到破坏、生态系统稳定性下降，并造成经济影响或损失，影响人类及动物的健康(李叶等，2010；Liu et al.，2012；马金双，2013)。目前，有关广东省农业生态系统主要外来入侵植物的种类、现状、防控方法、图片等基本资料比较欠缺。调查表明，在98种农业外来入侵种中，入侵性较强的植物有土荆芥（*Dysphania ambrosioides*）、喜旱莲子草（*Alternanthera philoxeroides*）、刺苋（*Amaranthus spinosus*）、红花酢浆草（*Oxalis corymbosa*）、粉绿狐尾藻（*Myriophyllum aquaticum*）、飞扬草（*Euphorbia hirta*）、无刺巴西含羞草（*Mimosa diplotricha* var. *inermis*）、含羞草（*Mimosa pudica*）、田菁（*Sesbania cannabina*）、阔叶丰花草（*Spermacoce alata*）、藿香蓟（*Ageratum conyzoides*）、钻形紫菀（*Symphyotrichum subulatum*）、鬼针草（*Bidens pilosa*）、苏门白酒草（*Erigeron sumatrensis*）、薇甘菊（*Mikania micrantha*）、南美蟛蜞菊（*Sphagneticola trilobata*）、羽芒菊（*Tridax procumbens*）、假臭草（*Praxelis clematidea*）、五爪金龙（*Ipomoea cairica*）、马缨丹（*Lantana camara*）、凤眼蓝（*Eichhornia crassipes*）、大薸（*Pistia stratiotes*）、牛筋草（*Eleusine indica*）、苏里南莎草（*Cyperus surinamensis*）、香附子（*Cyperus rotundus*）等。它们的分布比较广，其中，薇甘菊在珠三角地区危害较重，且有向北扩散的趋势。飞机草由南向北扩展，已经到达粤北的韶关（陈进军等，2005），有进一步入侵湖南的趋势，因此应该在粤北地区加强对入侵植物的检疫工作；局域分布种豚草（*Ambrosia artemisiifolia*）由北向南扩展，石茅（*Sorghum halepense*）等在广东省内虽然分布范围较小，但并不能忽略其潜在危害。

广东已成为我国外来植物入侵最严重的地区之一，入侵物种数量超过200种（王芳等，2009），对广东省的农林牧业等领域造成了很大的危害。外来植物入侵农田、果园、菜地、水塘、园林等区域，严重干扰农业、养殖业和林业的生产，造成较大的直接或间接经济损失。如喜旱莲子草、草龙（*Ludwigia hyssopifolia*）、假臭草、香附子、刺苋、皱果苋（*Amaranthus viridis*）、牛筋草等已经成了稻田、菜地中的常见顽固性杂草，它们争夺农作物的养料，严重影响其产量。喜旱莲子草一般可使水稻减产45%（邱东萍等，2007；曾宪锋等，2009）。凤眼蓝、大薸、粉绿狐尾藻布满了很多池塘、河流和沟渠，致使水体中的动物死亡，鱼类的产量下降，堵塞沟渠也影响农田灌溉。针对这些外来入侵植物带来的生态危害，研究防控对策和相关技术，是目前解决生物入侵的关键。目前，主要的防治方法包括人工物理防治、化学防治和生物防治。其中，在外来种入侵初期、幼苗期或其种子尚未成熟前，采用人工或机械进行拔除或砍伐比较有效；选用化学防治时应选用低毒高效的专一性较强的除草剂；选用生物防控天敌时，应充分了解、确定其安全性后方可实施。

在外来入侵的生物种类中，昆虫独特的生物学特性使其传播途径较多，入侵成功率高（吕俊峰和林小琳，2008）。自20世纪90年代以来，入侵我国的昆虫呈现出广泛分布性和灾难性的特点（李红梅等，2005）。据统计，广东省造成一定程度危害的外来入侵昆虫种类有30余种，由其引发的生物灾害日趋严重（齐国君和吕利华，2016）。从危害情况来看，红火蚁（*Solenopsis invicta*）、草地贪夜蛾（*Spodoptera frugiperda*）、橘小实蝇（*Bactrocera dorsalis*）、瓜实蝇（*Bactrocera cucurbitae*）、美洲斑潜蝇（*Liriomyza sativae*）、烟粉虱（*Bemisia tabaci*）、扶桑绵粉蚧（*Phenacoccus solenopsis*）、埃及吹绵蚧（*Icerya aegyptiaca*）、椰心叶甲（*Brontispa longissima*）等在广东省大部分地区均有分布且危害较为严重；椰子木蛾（*Opisina arenosella*）、新菠萝灰粉蚧（*Dysmicoccus neobrevipes*）、红棕象甲（*Rhynchophorus ferrugineus*）、褐

纹甘蔗象（*Rhabdoscelus similis*）、蔗扁蛾（*Opogona sacchari*）等也已在广东部分地区扩散蔓延。另外，福寿螺（*Pomacea canaliculata*）、非洲大蜗牛（*Achatina fulica*）、牛蛙（*Rana catesbeiana*）、巴西龟（*Trachemys scripta elegans*）等入侵动物也造成一定程度的危害。对这些有害动物的防治可采用综合治理的方针，除科学合理地施用化学农药进行化学防治外，应注重农业防治和生物防治措施的综合运用；加强检疫，限制或禁止从疫区调运植物体和其他植物产品。

　　本书是编者们数年来对广东地区外来入侵生物调查成果的汇编，由中国科学院华南植物园和广东省科学院动物研究所协作完成。植物物种信息包括了98种植物的中文名、学名、异名、别名、形态特征、产地与国内分布、原产地及分布现状、生境、用途、危害及防控管理。被子植物的排列按哈钦松系统。动物物种信息包括24种动物的中文名、学名、异名、别名、形态特征、生物学特征、原产地及分布、传播途径、危害与防控管理。动物的排列按腹足纲、甲壳纲、昆虫纲、两栖纲、爬行纲顺序。

　　本书可为广东省动植物管理、农林生态保护、园林绿化等政府部门和广大市民群众对外来入侵生物认知方面提供参考，并为下一步入侵生物的预警和防治提供基础资料。由于时间有限，本书不足之处在所难免，切望读者批评指正。

编　者

2021年6月

目 录

前言

一、广东主要农业外来入侵植物 / 1

（一）胡椒科Piperaceae /1
  1.草胡椒 /1
（二）白花菜科Capparidaceae/2
  2.皱子白花菜 /2
（三）石竹科Caryophyllaceae /3
  3.鹅肠菜 /3
（四）马齿苋科Portulacaceae /4
  4.毛马齿苋 /4
（五）商陆科Phytolaccaceae /5
  5.垂序商陆 /5
（六）藜科Chenopodiaceae /6
  6.小藜 /6
  7.土荆芥 /7
（七）苋科Amaranthaceae /8

  8.喜旱莲子草 /8
  9.凹头苋 /9
  10.反枝苋 /10
  11.刺苋 /11
  12.皱果苋 /12
  13.青葙 /13
  14.银花苋 /14
（八）落葵科Basellaceae /15
  15.落葵薯 /15
（九）酢浆草科Oxalidaceae /16
  16.红花酢浆草 /16
（十）千屈菜科Lythraceae /17
  17.香膏萼距花 /17
（十一）海桑科Sonneratiaceae /18
  18.无瓣海桑 /18
（十二）柳叶菜科Onagraceae/19

19. 草龙 / 19
20. 毛草龙 / 20

（十三）小二仙草科
Haloragaceae / 21

21. 粉绿狐尾藻 / 21

（十四）紫茉莉科
Nyctaginaceae / 22

22. 紫茉莉 / 22

（十五）西番莲科
Passifloraceae / 23

23. 龙珠果 / 23

（十六）仙人掌科 Cactaceae / 24

24. 仙人掌 / 24

（十七）椴树科 Tiliaceae / 25

25. 刺蒴麻 / 25

（十八）锦葵科 Malvaceae / 26

26. 黄葵 / 26
27. 赛葵 / 27

（十九）大戟科 Euphorbiaceae / 28

28. 飞扬草 / 28
29. 蓖麻 / 29

（二十）含羞草科 Mimosaceae / 30

30. 银合欢 / 30
31. 光荚含羞草 / 31
32. 巴西含羞草 / 32
33. 无刺巴西含羞草 / 33
34. 含羞草 / 34

（二十一）苏木科
Caesalpiniaceae / 35

35. 山扁豆 / 35
36. 望江南 / 36
37. 决明 / 37

（二十二）蝶形花科
Papilionaceae / 38

38. 猪屎豆 / 38
39. 田菁 / 39

（二十三）荨麻科 Urticaceae / 40

40. 小叶冷水花 / 40

（二十四）茜草科 Rubiaceae / 41

41. 盖裂果 / 41
42. 墨苜蓿 / 42
43. 阔叶丰花草 / 43

（二十五）菊科 Compositae / 44

44. 藿香蓟 / 44
45. 豚草 / 45
46. 钻叶紫菀 / 46
47. 大狼杷草 / 47
48. 鬼针草 / 48
49. 飞机草 / 49
50. 野茼蒿 / 50
51. 鳢肠 / 51
52. 白花地胆草 / 52
53. 败酱叶菊芹 / 53
54. 香丝草 / 54
55. 小蓬草 / 55
56. 苏门白酒草 / 56
57. 牛膝菊 / 57
58. 薇甘菊 / 58
59. 银胶菊 / 59
60. 翼茎阔苞菊 / 60
61. 假臭草 / 61
62. 裸柱菊 / 62
63. 苦苣菜 / 63

64. 南美蟛蜞菊 / 64
65. 金腰箭 / 65
66. 肿柄菊 / 66
67. 羽芒菊 / 67

（二十六）茄科 Solanaceae / 68

68. 洋金花 / 68
69. 苦蘵 / 69
70. 少花龙葵 / 70
71. 假烟叶树 / 71
72. 水茄 / 72

（二十七）旋花科 Convolvulaceae / 73

73. 五爪金龙 / 73
74. 圆叶牵牛 / 74
75. 三裂叶薯 / 75

（二十八）玄参科 Scrophulariaceae / 76

76. 野甘草 / 76

（二十九）马鞭草科 Verbenaceae / 77

77. 马缨丹 / 77
78. 假马鞭 / 78

（三十）唇形科 Labiatae / 79

79. 短柄吊球草 / 79

（三十一）雨久花科 Pontederiaceae / 80

80. 凤眼蓝 / 80

（三十二）天南星科 Araceae / 81

81. 大藻 / 81

（三十三）莎草科 Cyperaceae / 82

82. 断节莎 / 82
83. 香附子 / 83
84. 苏里南莎草 / 84
85. 单穗水蜈蚣 / 85

（三十四）禾本科 Gramineae / 86

86. 地毯草 / 86
87. 巴拉草 / 87
88. 蒺藜草 / 88
89. 牛筋草 / 89
90. 红毛草 / 90
91. 大黍 / 91
92. 铺地黍 / 92
93. 两耳草 / 93
94. 丝毛雀稗 / 94
95. 牧地狼尾草 / 95
96. 象草 / 96
97. 莠狗尾草 / 97
98. 石茅 / 98

二、广东主要农业外来入侵动物 / 99

（一）腹足纲 Gastropoda / 99

1. 福寿螺 / 99
2. 非洲大蜗牛 / 101

（二）甲壳纲 Crustacea / 102

3. 克氏原螯虾 / 102

（三）昆虫纲 Insecta / 103

4. 埃及吹绵蚧 / 103
5. 无花果蜡蚧 / 105

6. 扶桑绵粉蚧　　　　　/ 107

7. 新菠萝灰粉蚧　　　　/ 109

8. 烟粉虱　　　　　　　/ 111

9. 椰心叶甲　　　　　　/ 112

10. 稻水象甲　　　　　 / 114

11. 褐纹甘蔗象　　　　 / 115

12. 红棕象甲　　　　　 / 117

13. 蜂巢奇露尾甲　　　 / 119

14. 三叶草斑潜蝇　　　 / 121

15. 美洲斑潜蝇　　　　 / 122

16. 橘小实蝇　　　　　 / 123

17. 瓜实蝇　　　　　　 / 124

18. 草地贪夜蛾　　　　 / 125

19. 椰子木蛾　　　　　 / 127

20. 蔗扁蛾　　　　　　 / 129

21. 曲纹紫灰蝶　　　　 / 130

22. 红火蚁　　　　　　 / 132

（四）两栖纲Amphibia　　　 / 134

23. 牛蛙　　　　　　　 / 134

（五）爬行纲Reptilia　　　　/ 135

24. 巴西龟　　　　　　 / 135

主要参考文献　　　　　　　　　　　　　　　　　/ 136

一、广东主要农业外来
入侵植物

（一）胡椒科 Piperaceae

1. 草胡椒

学名：*Peperomia pellucida* (L.) Kunth

形态特征：一年生、肉质草本，高 20 ～ 40cm。茎直立或基部有时平卧，无毛。叶互生，膜质，半透明，阔卵形或卵状三角形，长约 1 ～ 3.5cm，顶端短尖或钝，基部心形，两面无毛；叶脉 5 ～ 7 条，基出；叶柄长 1 ～ 2cm。穗状花序顶生或与叶对生，细弱，长 2 ～ 6cm；花疏生；苞片近圆形，直径约 0.5mm。浆果球形，顶端尖，种子细小。花果期 4 ～ 8 月。

产地与国内分布：乐昌、博罗、深圳、广州、高要、云浮、江门、梅州、汕头。分布于广西、海南、香港、福建、云南。

原产地及分布现状：原产热带美洲，现广泛分布于各热带地区。

生境：生于园圃、菜地边、石缝中或墙脚下。

危害及防控管理：危害较轻。人工拔除。

（二）白花菜科Capparidaceae

2.皱子白花菜

学名：*Cleome rutidosperma* DC.

形态特征：一年生草本，高达90cm。茎直立、开展或平卧，分枝疏散，无刺，茎、叶柄及叶背脉上疏被长柔毛，有时近无毛。叶具3小叶，叶柄长2～20mm；小叶椭圆状披针形，顶端急尖或渐尖、钝形或圆形，基部渐狭或楔形，几无小叶柄，边缘有具纤毛的细齿，中央小叶最大，长1～2.5cm，宽5～12mm，侧生小叶较小。花单生于茎上部具短柄、叶片较小的叶腋内，常2～3花连接着生在2～3节上，形成开展有叶、间断的花序；萼片4，绿色，分离，狭披针形；花瓣4，淡紫色。果长柱状，表面平坦或微呈念珠状，两端变狭，顶端有喙，长3.5～6cm，中部直径3.5～4.5mm。种子近圆形，直径1.5～1.8mm，背部有20～30条横向脊状皱纹。花果期6～12月。

产地与国内分布：湛江、云浮、揭阳。分布于广西、海南、云南、台湾。

原产地及分布现状：原产非洲热带地区，归化于美洲、亚洲和大洋洲热带和亚热带地区。分布区正在扩展之中，有成泛热带分布种的趋势。

生境：生于苗圃、农场、路旁草地、荒地，常为田间杂草。

危害及防控管理：危害较轻。人工拔除。

（三）石竹科Caryophyllaceae

3.鹅肠菜

学名：*Myosoton aquaticum* (L.) Moench

别名：牛繁缕

形态特征：草本，具须根。茎上升，多分枝，长50～80cm，上部被腺毛。叶片卵形或宽卵形，长2.5～5.5cm，宽1～3cm，顶端急尖，基部稍心形，有时边缘具毛；叶柄疏生柔毛。顶生二歧聚伞花序；苞片叶状，边缘具腺毛；萼片卵状披针形或长卵形，长4～5mm，果期伸长，边缘狭，膜质，外面被腺柔毛；花瓣白色，2深裂至基部，裂片线形或披针状线形，长3～3.5mm，宽约1mm。蒴果卵圆形，稍长于宿存萼；种子近肾形。花期5～8月，果期6～9月。

产地与国内分布：广东大部分地区。分布于我国南北各省。

原产地及分布现状：原产欧洲中部和西部，现归化于世界热带和温带地区。

生境：生于菜田、稻田、湿地、沟渠旁，常见。

用途：全草供药用；幼苗可作野菜和饲料。

危害及防控管理：危害严重。在花期或果期前人工拔除。

（四）马齿苋科 Portulacaceae

4.毛马齿苋

学名：*Portulaca pilosa* L.

别名：多毛马齿苋

形态特征：一年生或多年生草本，高5～20cm。茎密丛生，铺散，多分枝。叶互生，近圆柱状线形或钻状狭披针形，长1～2cm，宽1～4mm，腋内有长疏柔毛，茎上部较密。花直径约2cm，无梗，围以6～9片轮生叶，密生长柔毛；花瓣5，膜质，红紫色，宽倒卵形，顶端钝或微凹，基部合生。蒴果卵球形，蜡黄色，盖裂；种子小，深褐黑色。花、果期5～8月。

产地与国内分布：广州、深圳、珠海、茂名、阳江、梅州、海丰、陆丰、高要、电白、吴川。分布于广西、海南、香港、福建、台湾、云南（南部）。

原产地及分布现状：原产美洲。菲律宾、马来西亚、印度尼西亚有分布。

生境：性耐旱，喜阳光。生于园圃、海边沙地及开阔地。

用途：广东用作刀伤药，将叶捣烂贴伤处；观赏。

危害及防控管理：危害较轻。人工拔除。

（五）商陆科 Phytolaccaceae

5.垂序商陆

学名：*Phytolacca americana* L.

异名：*Phytolacca decandra* L.

别名：美商陆、美洲商陆、洋商陆、见肿消

形态特征：多年生草本，高1～1.5m。茎直立，有时带紫红色。叶片椭圆状卵形或卵状披针形，长9～18cm，宽5～10cm，顶端急尖，基部楔形；叶柄长1～4cm。总状花序顶生或侧生，长5～20cm；花白色，微带红晕，直径约6mm。果序下垂；浆果扁球形，熟时紫黑色；种子肾圆形。花期6～8月，果期8～10月。

产地与国内分布：乳源、广州、佛山、中山、高要、封开、江门、云浮、肇庆、湛江、河源、梅州。1960年引入栽培后遍及我国香港、四川、云南、河北、陕西、山东、江苏、浙江、江西、福建、河南、湖北，或逸生。

原产地及分布现状：原产北美洲，现归化于欧洲和亚洲。

生境：生于田野间、荒地。

用途：根和叶供药用；全草可作农药；观赏。

危害及防控管理：危害较轻。全株有毒，根及果实毒性最强。该物种为我国环境保护部（现生态环境部）和中国科学院2016年公布的自然生态系统第四批外来入侵植物。人工拔除。

（六）藜科Chenopodiaceae

6.小藜

学名：*Chenopodium ficifolium* Sm.

异名：*Chenopodium serotinum* L.

别名：灰菜

形态特征：一年生草本，高20～50cm。茎直立，具条棱及绿色色条。叶片卵状矩圆形，长2.5～5cm，宽1～3.5cm，通常三浅裂；中裂片两边近平行，先端钝或急尖并具短尖头，边缘具深波状锯齿；侧裂片位于中部以下，通常各具2浅裂齿。花两性，数个团集，排列于上部的枝上，形成较开展的顶生圆锥状花序；花被近球形，5深裂，裂片宽卵形，背面具微纵隆脊并有密粉。胞果包在花被内，果皮与种子贴生。种子双凸镜状，黑色，有光泽，表面具六角形细注。花期4～6月，果期5～7月。

产地与国内分布：翁源、平远、广州、中山、珠海、高要、高州、阳春、化州、汕尾、潮州、汕头。我国除西藏外各省（自治区）都有分布。

原产地及分布现状：原产欧洲，现归化于亚洲、美洲等地。

生境：生于田间、菜地、道旁、荒地、垃圾堆。

用途：食用。

危害及防控管理：危害中度。人工拔除。

7.土荆芥

学名：*Dysphania ambrosioides* (L.) Mosyakin et Clemants

异名：*Chenopodium ambrosioides* L.

别名：杀虫芥、臭草、鹅脚草

形态特征：草本，高50～80cm，有强烈香味。茎直立，多分枝，有色条及钝条棱。叶片矩圆状披针形至披针形，先端急尖或渐尖，边缘具稀疏不整齐的大锯齿，基部渐狭具短柄，上面平滑无毛，下面有散生油点，沿叶脉稍有毛。花两性及雌性，通常3～5个团集，生于上部叶腋；花被裂片5，较少为3，绿色，结果时通常闭合。胞果扁球形，完全包于花被内。种子横生或斜生，黑色或暗红色，平滑，有光泽。花期和果期近全年。

产地与国内分布：广东大部分地区。我国广西、福建、台湾、江苏、浙江、江西、湖南、四川等地有野生和逸生。北方各省常有栽培。

原产地及分布现状：原产热带美洲，现广泛分布于世界热带及温带地区。

生境：生于菜地、村旁、路边、荒地、林下、河岸等处。

用途：药用；驱虫。

危害及防控管理：危害严重，含有毒的挥发油，对其他植物产生化感作用，它还是常见的花粉过敏源，对人体健康不利。该物种为我国环境保护部2010年公布的第二批外来入侵植物。由于其花期和果期时间长，因此必须多次铲除，或使用草甘膦、二甲四氯等化学药剂防治（曾宪锋等，2018）。

（七）苋科 Amaranthaceae

8.喜旱莲子草

学名：*Alternanthera philoxeroides* (Mart.) Griseb.

别名：空心莲子草、水花生、空心苋

形态特征：草本；茎基部匍匐，上部上升，管状，有不明显4棱，中空，长55～120cm，具分枝，幼茎及叶腋有白色或锈色柔毛，茎老时无毛，仅在两侧纵沟内保留。叶片矩圆形、矩圆状倒卵形或倒卵状披针形，长2.5～5cm，顶端急尖或圆钝，具短尖，基部渐狭，两面无毛或上面有贴生毛及缘毛；叶柄长3～10mm，无毛或微有柔毛。花密生成头状花序，单生在叶腋，球形，直径8～15mm；苞片及小苞片白色，顶端渐尖，具1脉；花被片矩圆形，长5～6mm，白色，光亮。果实未见。花期5～10月。

产地与国内分布：广东大部分地区。分布于广西、海南、江苏、浙江、江西、湖南、福建、北京，栽培或逸为野生。

原产地及分布现状：原产南美洲温带地区，也有可能是巴西，现归化于全球热带、亚热带和暖温带半湿润地区。

生境：生于沟渠旁、池塘边、水田边、菜园、池沼、水沟内。

用途：全草入药；也可作饲料。

危害及防控管理：危害较重。该物种为国家环境保护总局（现生态环境部）2003年公布的首批外来入侵植物。广州市于2013年将其列入重点治理防范物种。人工或机械打捞；生物防治时可以利用莲草直胸跳甲，尤其对水生型植株效果较好；化学防治时选用草甘膦、水花生净等除草剂（曾宪锋等，2018）。

9.凹头苋

学名：*Amaranthus blitum* L.

异名：*Amaranthus lividus* L.

别名：野苋

形态特征：一年生草本，高10～30cm，全株无毛；茎伏卧而上升，从基部分枝，淡绿色或紫红色。叶片卵形或菱状卵形，长1.5～4.5cm，宽1～3cm，顶端凹缺，有1芒尖，或微小不显，基部宽楔形，边缘全缘或稍呈波状。花成腋生花簇，直至下部叶的腋部，生在茎端和枝端者成直立穗状花序或圆锥花序；花被片矩圆形或披针形，长1.2～1.5mm，淡绿色，顶端急尖，边缘内曲，背部有1隆起中脉。胞果扁卵形，长约3mm，不裂，微皱缩而近平滑。种子环形，直径约1.2cm，黑色至黑褐色。花期7～8月，果期8～9月。

产地与国内分布：乐昌、乳源、连州、连山、连南、仁化、始兴、翁源、新丰、连平、和平、龙门、阳春。除内蒙古、宁夏、青海、西藏外，全国广泛分布。

原产地及分布现状：原产地为热带美洲，现分布于亚洲、欧洲、非洲北部及南美。

生境：生于田园、路旁、杂草地、荒地。

用途：茎叶可作猪饲料；全草和种子可药用。

危害及防控管理：危害中度。人工拔除。

10.反枝苋

学名：*Amaranthus retroflexus* L.

别名：西风谷、苋菜

形态特征：一年生草本，高50～80cm或达1m多；茎直立，粗壮，单一或分枝，稍具钝棱，密生短柔毛。叶片菱状卵形或椭圆状卵形，长5～12cm，宽2～5cm，顶端锐尖或尖凹，有小凸尖，基部楔形，两面及边缘有柔毛，下面毛较密。圆锥花序顶生及腋生，直立，直径2～4cm，由多数穗状花序形成，顶生花穗较侧生者长；苞片及小苞片钻形，长4～6mm，白色，背面有1龙骨状突起；花被片矩圆形或矩圆状倒卵形，白色，有1淡绿色细中脉。胞果扁卵形，长约1.5mm，环状横裂，薄膜质，淡绿色，包裹在宿存花被片内。种子近球形，棕色或黑色。花期7～8月，果期8～9月。

产地与国内分布：广州、云浮、河源。分布于黑龙江、吉林、辽宁、内蒙古、河北、山东、山西、河南、陕西、甘肃、宁夏、新疆。

原产地及分布现状：原产北美洲，现广泛传播并归化于世界各地。

生境：生于田园内、农地旁、房屋旁边的草地上。

用途：嫩茎叶为野菜，也可做家畜饲料；全草和种子均可药用。

危害及防控管理：危害较轻。该物种为我国环境保护部2014年公布的第三批外来入侵植物。人工拔除（曾宪锋等，2018）。

11.刺苋

学名：*Amaranthus spinosus* L.

别名：勒苋菜

形态特征：一年生草本，高30 ～ 100cm或更高；茎直立，圆柱形或钝棱形，多分枝，有纵条纹，绿色或带紫色。叶片菱状卵形或卵状披针形，长3 ～ 12cm，宽1 ～ 5.5cm，顶端圆钝，具微凸头，基部楔形，全缘，无毛或幼时沿叶脉稍有柔毛；叶柄长1 ～ 8cm，无毛，在其旁有2刺，刺长5 ～ 10mm。圆锥花序腋生及顶生，长3 ～ 25cm，下部顶生花穗常全部为雄花；苞片在腋生花簇及顶生花穗的基部者变成尖锐直刺，长5 ～ 15mm；小苞片狭披针形，长约1.5mm；花被片绿色，顶端急尖，具凸尖，边缘透明，中脉绿色或带紫色。胞果矩圆形，长约1 ～ 1.2mm，在中部以下不规则横裂，包裹在宿存花被片内。种子近球形，直径约1mm，黑色或带棕黑色。花果期近全年。

产地与国内分布：广东大部分地区。分布于广西、云南、贵州、福建、四川、台湾、陕西、河南、安徽、江苏、浙江、江西、湖南、湖北。

原产地及分布现状：可能原产美洲热带地区，现归化于世界热带和亚热带地区。

生境：生于田野旁、菜地附近、果园、路旁、旷地或废弃地。

用途：嫩茎叶作野菜食用；全草供药用。

危害及防控管理：危害严重。该物种为我国环境保护部2010年公布的第二批外来入侵植物。在结果前人工铲除，减少种子传播。

12.皱果苋

学名：*Amaranthus viridis* L.

别名：绿苋

形态特征：草本，高40～80cm，全体无毛；茎直立，有不显明棱角，稍有分枝，绿色或带紫色。叶片卵形或卵状椭圆形，长3～9cm，宽2.5～6cm，顶端尖凹或凹缺，少数圆钝，有1芒尖，基部宽楔形或近截形，全缘或微呈波状缘。圆锥花序顶生，长6～12cm，有分枝，由穗状花序形成，圆柱形，细长，直立，顶生花穗比侧生者长；苞片及小苞片披针形，顶端具凸尖；花被片矩圆形或宽倒披针形，背部有1绿色隆起中脉。胞果扁球形，直径约2mm，绿色，不裂，极皱缩，超出花被片。种子近球形，直径约1mm，黑色或黑褐色，具薄且锐的环状边缘。花期4～9月，果期7～12月。

产地与国内分布：广东大部分地区。分布于华南、华东、东北、华北、陕西、云南。

原产地及分布现状：原产热带非洲或南美洲，现广泛分布在世界泛热带和温带地区。

生境：生于田野边、菜地附近、荒地、路旁。

用途：嫩茎叶可作野菜食用，也可作饲料；全草入药。

危害及防控管理：危害中度。在结果前人工拔除。

13.青葙

学名：*Celosia argentea* L.

别名：百日红、鸡冠花、野鸡冠花

形态特征：草本，高0.3～1m，全体无毛；茎直立，有分枝，绿色或红色，具显明条纹。叶片矩圆披针形、披针形或披针状条形，长5～8cm，宽1～3cm，绿色常带红色，顶端急尖或渐尖，具小芒尖，基部渐狭。花多数，密生，在茎端或枝端成单一、无分枝的塔状或圆柱状穗状花序，长3～10cm；苞片及小苞片披针形，白色；花被片矩圆状披针形，长6～10mm，初为白色顶端带红色，或全部粉红色，后成白色，顶端渐尖。胞果卵形，长3～3.5mm，包裹在宿存花被片内。种子凸透镜状肾形。花期5～8月，果期6～12月。

产地与国内分布：广东大部分地区。分布几乎遍及全国，野生或栽培。

原产地及分布现状：原产印度或非洲热带地区，现归化于世界热带和温带地区。

生境：生于田边、园圃、平原、丘陵、山坡。

用途：种子供药用；嫩茎叶浸去苦味后，可作野菜食用；全植物可作饲料。

危害及防控管理：危害中度。人工拔除。

14.银花苋

学名：*Gomphrena celosioides* Mart.

别名：鸡冠千日红

形态特征：草本，高20～60cm；茎粗壮，有分枝，枝略呈四棱形，有贴生白色长柔毛。叶片纸质，长椭圆形或矩圆状倒卵形，长3.5～13cm，顶端急尖或圆钝，凸尖，基部渐狭，边缘波状，两面有白色长柔毛及缘毛。花多数，密生，成顶生球形或矩圆形头状花序，单一或2～3个，直径2～2.5cm，银白色；总苞为2绿色对生叶状苞片而成，卵形或心形，长1～1.5cm；花被片披针形，长5～6mm，不展开，顶端渐尖，外面密生白色绵毛，花期后变硬。胞果近球形，直径2～2.5mm。种子肾形，棕色，光亮。花果期2～6月。

产地与国内分布：博罗、饶平、揭阳、紫金、南澳、广州、珠海、肇庆、廉江、茂名、遂溪、湛江。分布于海南、香港、台湾。

原产地及分布现状：原产美洲热带，现分布世界各热带地区。

生境：生于园圃、路旁草地。

危害及防控管理：危害较轻。人工拔除。

（八）落葵科Basellaceae

15.落葵薯

学名：*Anredera cordifolia* (Ten.) Steenis

别名：藤三七、藤七

形态特征：缠绕藤本，长可达数米。根状茎粗壮。叶具短柄或近无柄，叶片卵形至近圆形，长2～6cm，宽1.5～5.5cm，顶端急尖，基部圆形或心形，稍肉质，腋生小块茎（珠芽）。总状花序具多花，花序轴纤细，下垂，长7～25cm；苞片狭，不超过花梗长度，宿存；花梗长2～3mm，花托顶端杯状，花常由此脱落；花直径约5mm；花被片白色，渐变黑，开花时张开，卵形、长圆形至椭圆形。花期6～10月。

产地与国内分布：南澳、饶平、广州、中山、潮州。海南、江苏、浙江、福建、四川、云南及北京有栽培或逸生。

原产地及分布现状：原产南美热带地区，现世界栽培并归化于热带、亚热带至暖温带地区。

生境：生于篱笆、墙壁、林下、林缘、屋旁。

用途：珠芽、叶及根供药用；叶拔疮毒；观赏。

危害及防控管理：危害较轻。该物种为我国环境保护部2010年公布的第二批外来入侵植物。人工拔除。

（九）酢浆草科Oxalidaceae

16.红花酢浆草

学名：*Oxalis corymbosa* DC.

别名：大酸味草、铜锤草、紫花酢浆草

形态特征：直立草本；无地上茎，地下部分有球状鳞茎，外层鳞片膜质，褐色，背具3条肋状纵脉。叶基生；叶柄长5～30cm或更长，被毛；小叶3，扁圆状倒心形，长1～4cm，宽1.5～6cm，顶端凹入，基部宽楔形，表面绿色，被毛或近无毛。总花梗基生，二歧聚伞花序，通常排列成伞形花序，总花梗长10～40cm或更长，被毛；花梗、苞片、萼片均被毛；花瓣5，倒心形，长1.5～2cm，为萼长的2～4倍，淡紫色至紫红色，基部颜色较深。花、果期3～12月。

产地与国内分布：广东大部分地区。分布于华南、华中、华东、河北、陕西、四川和云南等地。

原产地及分布现状：原产南美热带地区，中国长江以北各地作为观赏植物引入，南方各地已逸为野生，日本亦然。

生境：生于低海拔的水田、菜园、山地、路旁、荒地中。

用途：全草入药。

危害及防控管理：危害严重。因其鳞茎极易分离，故繁殖迅速，常为田间杂草。人工挖除小鳞茎；使用2,4-D钠盐或二甲四氯等除草剂化学防治（曾宪锋等，2018）。

（十）千屈菜科Lythraceae

17.香膏萼距花

学名：*Cuphea carthagenensis* (Jacq.) J. F. Macbr.

别名：香膏菜

形态特征：木质草本，高12～60cm；小枝纤细，幼枝被短硬毛，后变无毛而稍粗糙。叶对生，近无柄，叶片薄革质，卵状披针形或披针状矩圆形，长1.5～5cm，宽5～10mm，顶端渐尖或阔渐尖，两面粗糙，幼时被粗伏毛，后变无毛。总状花序带叶，花细小，单生于枝顶或分枝的叶腋上；花梗极短，仅长约1mm，顶部有苞片；花瓣6，等大，倒卵状披针形，长约2mm，蓝紫色或紫色。蒴果，卵球形；种子4，近球形。花果期近全年。

产地与国内分布：广东大部分地区。分布于广西、澳门、云南。

原产地及分布现状：原产巴西、墨西哥等地，现归化于世界热带和亚热带地区。

生境：生于菜地边、庭园弃地、湿地、路旁沙地。

用途：药用；观赏。

危害及防控管理：危害中度。人工拔除。

（十一）海桑科Sonneratiaceae

18.无瓣海桑

学名：*Sonneratia apetala* Buch. Ham.

形态特征：常绿乔木，高达15 m；呼吸根可长达1.5 m；茎干灰色，幼时浅绿色；小枝下垂。叶对生，狭椭圆形至披针形，长5～13 cm，宽1.5～4 cm，基部楔形，先端钝。聚伞花序有3～7花，花萼绿色，无花瓣，花丝白色。浆果圆球形，直径2～2.5 cm；种子多数。花期3～5月，果期6～10月。

产地与国内分布：在珠江口、湛江等地常见。分布于广西、澳门、海南、香港。

原产地及分布现状：原产南亚，引种于孟加拉国，现在我国南方海岸滩涂广泛种植。

生境：生于河口、海岸滩涂。

危害及防控管理：危害较轻。注意防控，以避免影响红树林和海产养殖。

（十二）柳叶菜科Onagraceae

19.草龙

学名：*Ludwigia hyssopifolia* (G. Don) Exell

形态特征：直立草本；茎高60～200cm，基部常木质化，常3或4棱形，多分枝，幼枝及花序被微柔毛。叶披针形至线形，长2～10cm，宽0.5～1.5cm，先端渐狭或锐尖，基部狭楔形，侧脉每侧9～16，下面脉上疏被短毛；叶柄长2～10mm。花腋生，萼片4，卵状披针形，长2～4mm，宽0.5～1.8mm，常有3纵脉，无毛或被短柔毛；花瓣4，黄色，倒卵形或近椭圆形，长2～3mm，宽1～2mm，先端钝圆，基部楔形。蒴果近无梗，幼时近四棱形，熟时近圆柱状，长1～2.5cm，直径1.5～2mm，上部增粗，被微柔毛，果皮薄。种子在蒴果上部每室排成多列，在下部排成1列。花果期近全年。

产地与国内分布：乐昌、始兴、龙门、清远、广州、佛山、中山、珠海、深圳、博罗、云浮、梅州、高要、阳春、河源、汕头、德庆。分布于香港、海南、广西、台湾、云南南部。

原产地及分布现状：可能原产美洲热带地带，现全球泛热带地区广泛分布。

用途：全草入药。

生境：生于水田、稻田边、水沟、河滩、塘边、湿草地。

危害及防控管理：危害中度。人工拔除，结合耕翻、整地，消除地表的杂草种子。

20. 毛草龙

学名：*Ludwigia octovalvis* (Jacq.) P. H. Raven

别名：水丁香

形态特征：粗壮直立草本，有时基部木质化，甚至亚灌木状，高50～200cm，多分枝，稍具纵棱，常被伸展的黄褐色粗毛。叶披针形至线状披针形，长4～12cm，宽0.5～2.5cm，先端渐尖或长渐尖，基部渐狭，侧脉每侧9～17条，两面被黄褐色粗毛，边缘具毛。萼片4，卵形，长6～9mm；花瓣黄色，倒卵状楔形，长7～14mm，先端钝圆形或微凹，基部楔形，具侧脉4～5对。蒴果圆柱状，具8条棱，绿色至紫红色，长2.5～3.5cm，粗3～5mm，被粗毛，熟时迅速并不规则地室背开裂；种子每室多列，离生。花期6～8月，果期8～11月。

产地与国内分布：广东大部分地区。分布于海南、香港、澳门、广西、江西、浙江、福建、台湾、云南。

原产地及分布现状：可能原产西印度群岛，现全球泛热带地区广泛分布。

生境：生于稻田边、沟渠、湖塘边、沟谷旁及开旷湿润处。

危害及防控管理：危害中度。人工拔除。

（十三）小二仙草科Haloragaceae

21.粉绿狐尾藻

学名：*Myriophyllum aquaticum* (Vell.) Verdc.

形态特征：多年生沉水或挺水草本，株高50～80cm；茎叶半蔓性，能匍匐湿地生长。茎直立。叶二型；挺水叶轮生，每轮5～7枚，小叶针状，线形，绿白色。沉水叶羽状复叶轮生，每轮4～7枚，长10～18mm，小叶线形，深绿色或朱红色。穗状花序顶生；花单性，雌雄同株，细小，直径约2mm，白色。核果坚果状，具4凹沟。花期4～9月。

产地与国内分布：广州、东莞。分布于香港、海南、江西、安徽、江苏、贵州、浙江、四川、重庆、云南。

原产地及分布现状：原产于阿根廷、巴西、乌拉圭、智利。世界各地观赏花鸟鱼虫市场交易、扩散于水族馆之间养殖。20世纪初，随观赏性水草扩散而引入中国。现归化于除南极洲之外的所有大洲。

生境：生于池塘、湖泊、河中。

用途：水体观赏。

危害及防控管理：危害中度。人工或机械打捞。

（十四）紫茉莉科Nyctaginaceae

22.紫茉莉

学名：*Mirabilis jalapa* L.

别名：胭脂花、粉豆花、野丁香

形态特征：一年生草本，高可达1m。茎直立，圆柱形，多分枝，无毛或疏生细柔毛，节稍膨大。叶片卵形或卵状三角形，长3～15cm，宽2～9cm，顶端渐尖，基部截形或心形，全缘，两面均无毛；叶柄长1～4cm，上部叶几无柄。花常数朵簇生枝端；总苞钟形，长约1cm，5裂，裂片三角状卵形；花被紫红色、黄色、白色或杂色，高脚碟状，檐部直径2.5～3cm，5浅裂；花午后开放，有香气，次日午前凋萎。瘦果球形，直径5～8mm，革质，黑色，表面具皱纹。花期6～10月，果期8～11月。

产地与国内分布：全省各地有栽种或逸为野生。分布于香港、海南、广西、安徽、贵州、上海、江苏、江西、福建、四川、重庆、云南、浙江、甘肃、宁夏、吉林、青海、陕西、新疆。

原产地及分布现状：原产热带美洲。我国南北各地均有栽培，为观赏花卉，有时逸为野生。

生境：生于园圃、池塘边、庭院周边及旷野湿润处。

用途：根、叶可供药用；观赏。

危害及防控管理：危害较轻。人工拔除。

（十五）西番莲科 Passifloraceae

23.龙珠果

学名：*Passiflora foetida* L.

形态特征：草质藤本，长数米，有臭味；茎具条纹并被平展柔毛。叶膜质，宽卵形至长圆状卵形，长4.5～13cm，宽4～12cm，先端3浅裂，基部心形，边缘呈不规则波状，通常具头状缘毛，上面被丝状伏毛。聚伞花序退化仅存1花，与卷须对生；花白色或淡紫色，具白斑，直径约2～3cm；萼片5枚，长1.5cm；花瓣5枚，与萼片等长。浆果卵圆球形，直径2～3cm，无毛；种子多数，椭圆形，草黄色。花期7～8月，果期翌年4～5月。

产地与国内分布：博罗、惠州、汕尾、广州、澳门、东莞、深圳、珠海、中山、肇庆、台山、阳江、阳春、高州、电白、海康、徐闻。分布于海南、广西、香港、云南、台湾。

原产地及分布现状：原产西印度群岛，现为泛热带杂草。

生境：田园边、荒地、草坡、路边。

用途：果味甜可食；广东兽医用果治猪、牛肺部疾病；叶外敷痈疮。

危害及防控管理：危害中度。在结果前人工清除；用草甘膦、2,4-D钠盐等内吸性除草剂化学防控（曾宪锋等，2018）。

（十六）仙人掌科Cactaceae

24.仙人掌

学名：*Opuntia dillenii* (Ker Gawl.) Haw.

异名：*Opuntia stricta* (Haw.) Haw. var. *dillenii* (Ker-Gawl.) Benson

形态特征：丛生肉质灌木，高1～3m。上部分枝宽倒卵形、倒卵状椭圆形或近圆形，长10～40cm，宽7.5～20cm，厚达1.2～2cm，先端圆形，绿色至蓝绿色，无毛；小窠疏生，直径0.2～0.9cm，成长后刺常增粗并增多，每小窠具3～10根刺，密生短绵毛和倒刺刚毛。叶钻形，长4～6mm，绿色，早落。花辐状，直径5～6.5cm；花托倒卵形，长3.3～3.5cm，顶端截形并凹陷，基部渐狭，绿色，疏生突出的小窠；萼状花被片宽倒卵形至狭倒卵形，长10～25mm，宽6～12mm，先端急尖或圆形，具小尖头，黄色，具绿色中肋。浆果倒卵球形，顶端凹陷，基部多少狭缩成柄状，长4～6cm，直径2.5～4cm，表面平滑无毛，紫红色，每侧具5～10个突起的小窠。种子多数。花期6～10月，果期6～10月。

产地与国内分布：广东大部分地区常见栽培或逸生。我国于明末引种，南方沿海地区常见栽培，在广东、广西南部和海南沿海地区逸为野生。

原产地及分布现状：原产墨西哥东海岸、美国南部及东南部沿海地区、西印度群岛、百慕大群岛和南美洲北部；在加那利群岛、印度和澳大利亚东部逸生。

生境：生于菜地边、海岸。

用途：茎供药用；浆果酸甜可食；可栽作围篱。

危害及防控管理：危害较轻。人工拔除。

（十七）椴树科Tiliaceae

25.刺蒴麻

学名：*Triumfetta rhomboidea* Jacq.

形态特征：亚灌木；嫩枝被灰褐色短茸毛。叶纸质，生于茎下部的阔卵圆形，长3～8cm，先端常3裂，基部圆形，生于上部的长圆形；叶片上面有疏毛，下面有星状柔毛，基出脉3～5条，边缘有不规则的粗锯齿。聚伞花序数枝腋生，花序柄及花柄均极短；萼片狭长圆形，长约5mm，顶端有角，被长毛；花瓣比萼片略短，黄色，边缘有毛。果球形，不开裂，被灰黄色柔毛，具勾针刺，刺长约2mm，有种子2～6颗。花果期夏、秋季。

产地与国内分布：广东大部分地区。分布于华南、云南、福建、台湾。

原产地及分布现状：可能原产美洲热带地区，现泛热带地区分布。

生境：生于田边、园圃、路旁、荒地、林下，常见。

用途：全株供药用。

危害及防控管理：危害中度。人工拔除。

（十八）锦葵科Malvaceae

26.黄葵

学名：*Abelmoschus moschatus* Medicus

形态特征：草本，高1～2m，被粗毛。叶通常掌状5～7深裂，直径6～15cm，裂片披针形至三角形，边缘具不规则锯齿，偶有浅裂似槭叶状，基部心形，两面均疏被硬毛。花单生于叶腋间，花梗长2～3cm，被倒硬毛；小苞片8～10个，线形，长10～13mm；花黄色，内面基部暗紫色，直径7～12cm。蒴果长圆形，长5～6cm，顶端尖，被黄色长硬毛；种子肾形，具香味。花期6～10月。

产地与国内分布：广东大部分地区。广西、江西、台湾、湖南和云南等省（自治区）栽培或野生。

原产地及分布现状：原产于热带亚洲，现归化于热带地区。

生境：生于田边、水沟边、山谷、溪涧旁或山坡灌丛中。

用途：种子具麝香味，是名贵的高级调香料；也可入药；花大色艳，可供园林观赏用。

危害及防控管理：危害较轻。人工拔除。

27. 赛葵

学名：*Malvastrum coromandelianum* (L.) Gurcke

形态特征：亚灌木状，直立，高达1m，疏被单毛和星状粗毛。叶卵状披针形或卵形，长3～6cm，宽1～3cm，先端钝尖，边缘具粗锯齿，上面疏被长毛，下面疏被长毛和星状长毛。花单生于叶腋；小苞片线形，长约5mm，宽1mm，疏被长毛；萼浅杯状，5裂，裂片卵形，渐尖头，长约8mm，基部合生，疏被单长毛和星状长毛；花黄色，直径约1.5cm，花瓣5，倒卵形，长约8mm。果直径约6mm，分果片8～12，肾形，疏被星状柔毛。花期全年，果期夏、秋季。

产地与国内分布：广东大部分地区。分布于广西、台湾、福建、云南等省（自治区）。

原产地及分布现状：原产美洲热带地区，现归化于泛热带地区。

生境：生于园圃、菜地边、路旁杂草丛、荒地。

用途：全草入药。

危害及防控管理：危害较轻。人工拔除。

（十九）大戟科 Euphorbiaceae

28.飞扬草

学名：*Euphorbia hirta* L.

形态特征：草本。根纤细，常不分枝，偶3～5分枝。茎单一，自中部向上分枝或不分枝，高30～70cm，被褐色或黄褐色的多细胞粗硬毛。叶对生，披针状长圆形、长椭圆状卵形或卵状披针形，长1～5cm，宽5～13mm，先端极尖或钝，基部略偏斜；边缘于中部以上有细锯齿，中部以下较少或全缘；叶面绿色，叶背灰绿色，有时具紫色斑，两面均具柔毛。花序多数，于叶腋处密集呈头状，基部无梗或仅具极短的柄，具柔毛；总苞钟状，高与直径各约1mm，被柔毛，边缘5裂，裂片三角状卵形。蒴果三棱状，长与直径均约1～1.5mm，被短柔毛，成熟时分裂为3个分果爿。种子近圆状四棱。花果期6～12月。

产地与国内分布：广东大部分地区。分布于华南、江西、湖南、福建、台湾、四川、贵州和云南。

原产地及分布现状：原产美洲热带地区，现归化于世界热带和亚热带地区。

生境：生于旱作物地、路旁、草丛、灌丛及山坡，多见于沙质土，为一种常见的杂草。

用途：全草入药。

危害及防控管理：全株有毒，有致泻作用。危害严重。人工拔除，或用甲基砷酸钠和2,4-D钠盐除草剂防治（曾宪锋等，2018）。

29.蓖麻

学名：*Ricinus communis* L.

形态特征：粗壮草本或草质灌木，高1.5～5m；小枝、叶和花序通常被白霜，茎多液汁。叶近圆形，长和宽达40cm或更大，掌状7～11裂，裂缺几达中部，裂片卵状长圆形或披针形，边缘具锯齿；叶柄粗壮，中空，顶端具2枚盘状腺体。总状花序或圆锥花序，长15～30cm或更长；苞片阔三角形，膜质，早落。蒴果卵球形或近球形，长1.5～2.5cm，果皮具软刺或平滑；种子椭圆形，微扁平，平滑，斑纹淡褐色或灰白色。花期近全年。

产地与国内分布：广东大部分地区均有栽培或逸生。分布于华南和西南地区。

原产地及分布现状：原产地可能在非洲东北部的肯尼亚或索马里，现归化于世界热带或温带地区。

生境：生于田埂、园圃、宅旁、旷野、海岸坡地。

用途：蓖麻油在工业上用途广，在医药上作缓泻剂。在我国常作为油料作物栽培。

危害及防控管理：植株高大，排挤其他栽培植物，种子有毒，误食会造成中毒。危害中度。人工或机械将逸生植物在结果前清除；选用豆草隆等叶吸收性除草剂防治（曾宪锋等，2018）。

（二十）含羞草科 Mimosaceae

30.银合欢

学名：*Leucaena leucocephala* (Lamarck) de Wit

异名：*Mimosa leucocephala* Lamarck

别名：白合欢

形态特征：小乔木，高4～8m；幼枝被毛且具褐色皮孔；托叶三角形，小，早落。二回羽状复叶，羽片4～8对，叶柄与叶轴幼时被柔毛，在最下一对及最上一对羽片着生处稍下的叶轴上分别有黑色椭圆形腺体1枚；小叶条状长圆形，中脉偏向上缘，两侧不等宽。球形头状花序腋生，具多数花；花白色；花萼顶端具5细齿，仅边缘被柔毛。荚果带状，长10～18cm，宽1.4～2cm，顶端凸尖，基部有柄，纵裂，被微柔毛；种子6～25颗，卵形，扁平，褐色而光亮。花期4～7月，果期8～10月。

产地与国内分布：始兴、梅州、丰顺、清远、惠州、河源、汕尾、深圳、珠海、广州、东莞、佛山、中山、肇庆、阳江、云浮、茂名、徐闻。分布于华南，以及四川、台湾、云南、福建、贵州、湖南、江苏、江西、陕西、上海、浙江。

原产地及分布现状：原产热带美洲，现广布于世界各热带、亚热带地区。

生境：果园、农田边缘、荒地。

危害及防控管理：被世界自然保护联盟IUCN列入世界100种恶性入侵物种名单(Lowe et al., 2000)。公路两旁绿化因种子产量高和枝条萌生力强，极易扩散蔓延入侵到周围的农田周边，并易形成单优群落，通过化感作用影响其他植物生长，枝叶有毒，牛羊啃食过量可导致皮毛脱落。危害严重。限制栽培，定期清理撒落的种子，在入侵严重地区通过人工、机械清除或种植其他树种代替。

31. 光荚含羞草

学名：*Mimosa bimucronata* (DC.) O. Kuntze

异名：*Mimosa sepiaria* Benth.

别名：簕仔树

形态特征：落叶灌木，高3～6m；小枝密被黄色茸毛。二回羽状复叶，羽片6～7对，长2～6cm，叶轴无刺，被短柔毛，小叶12～16对，线形，长5～7mm，宽1～1.5mm，革质，先端具小尖头。头状花序球形；花白色；花萼杯状，极小；花瓣长圆形，长约2mm，仅基部连合。荚果带状，直伸，长3.5～4.5cm，宽约6mm，褐色，通常有5～7个荚节。花果期近全年。

产地与国内分布：新丰、珠三角地区、粤东、粤西。分布于海南、香港、广西、江西、福建等地。

原产地及分布现状：原产南美洲的阿根廷、巴拉圭和巴西等地，现归化于亚洲和非洲泛热带地区。

生境：生于田边、村边、路旁、荒地。

用途：作篱笆用；药用；固氮和蜜源植物。

危害及防控管理：危害严重。该物种为我国环境保护部和中国科学院2016年公布的自然生态系统第四批外来入侵植物。人工砍伐。

32. 巴西含羞草

学名：*Mimosa diplotricha* C. Wright ex Sauvalle

异名：*Mimosa invisa* Mart. ex Colla

形态特征：直立、亚灌木状草本；茎攀援或平卧，长达60cm，五棱柱状，沿棱上密生钩刺，其余被疏长毛，后脱落。二回羽状复叶，长10～15cm；总叶柄及叶轴有钩刺4～5列；羽片(4～)7～8对，长2～4.5cm；小叶（11～）20～30对，线状长圆形，长3～5mm，宽约1mm，被白色长柔毛。头状花序花时连花丝直径约1cm，1或2个生于叶腋；花紫红色，花萼极小，4齿裂；花冠钟状，长约2.5mm，中部以上4瓣裂。荚果长圆柱形，长2～2.5cm，宽4～5mm，边缘及荚节有刺毛。种子黄棕色，直径约3.5mm。花果期3～9月。

产地与国内分布：惠州、广州、中山、珠海、东莞、深圳、江门、茂名、湛江。栽培或逸生于广西、海南、香港、澳门、台湾、云南。

原产地及分布现状：原产热带美洲巴西等地，现归化于世界热带地区。

生境：园圃、路旁、旷野、荒地。

危害及防控管理：危害中度。在开花前人工拔除或机械清除。

33.无刺巴西含羞草

学名：*Mimosa diplotricha* var. *inermis* (Adelb.) Veldkamp

形态特征：茎攀援或平卧，五棱柱状，沿棱上无刺，被稀疏长毛，后脱落。二回羽状复叶，长10～15cm；羽片(4～)7～8对，长2～4cm；小叶（11～）20～30对，线状长圆形，长3～5mm，宽约1mm。头状花序，1或2个生于叶腋；花紫红色；花冠钟状，长约2.5mm。荚果长圆柱形，长2～2.5cm，边缘及荚节有刺毛。种子黄棕色，直径约3.5mm。花果期5～11月。

产地与国内分布：潮州、广州、深圳、肇庆、阳江、茂名、湛江等地。栽培或逸生于广西、海南、香港、澳门、福建、云南。

原产地及分布现状：原产热带美洲，现归化于亚洲、非洲热带地区。

生境：生于园圃、路旁、旷野、沙地、海边荒滩。

危害及防控管理：危害中度。在开花前人工拔除或机械清除。

34. 含羞草

学名：*Mimosa pudica* L.

异名：*Mimosa pudica* var. *unijuga* (Duchass. et Walp.) Griseb.

别名：知羞草、呼喝草、怕丑草、双羽含羞草

形态特征：亚灌木状草本，高可达1m，茎圆柱状，具散生钩刺及倒生刺毛。叶为二回羽状复叶，触之即闭合下垂；羽片通常2对，近指状排列，长3～8 cm；每一羽片具10～20对小叶，小叶线状长圆形，长8～13 mm，宽1.5～2.5 mm。花小，多数，淡红色，组成直径约1cm的头状花序。荚果长圆形，长1～2cm，宽约5mm，扁平，边缘波状并有刚毛。每荚节含一粒种子。花期3～10月，果期5～11月。

产地与国内分布：珠三角地区、粤东、粤西。分布于广西、澳门、香港、海南、贵州、安徽、北京、重庆、福建、湖北、江苏、江西、上海、山东、山西、陕西、台湾、新疆、云南、浙江。

原产地及分布现状：原产于美洲热带。现已成为泛热带杂草，中美洲、南美洲、非洲、亚洲的热带亚热带地区都有分布。

生境：生于果园、农田边缘、旷野荒地。

危害及防控管理：为南方秋熟旱作物地和果园杂草。全株有毒，广东西部和广西南部曾有牛误食中毒死亡的报道(马金双，2014)。危害严重。控制引种栽培；在发生地及时清除。

（二十一）苏木科 Caesalpiniaceae

35.山扁豆

学名：*Chamaecrista mimosoides* Standl.

异名：*Cassia mimosoides* L.

别名：含羞草决明

形态特征：亚灌木状草本，高30～60cm，多分枝；枝条纤细，被微柔毛。叶长4～8cm，在叶柄的上端、最下一对小叶的下方有圆盘状腺体1枚；小叶20～50对，线状镰形，长3～4mm，顶端短急尖，两侧不对称，中脉靠近叶的上缘，干时呈红褐色。花序腋生，1朵或数朵聚生不等，总花梗顶端有2枚小苞片，长约3mm；萼长6～8mm，顶端急尖；花瓣黄色，不等大，具短柄，略长于萼片。荚果镰形，扁平，长2.5～5cm，宽约4mm；种子10～16颗。花果期常8～10月。

产地与国内分布：乐昌、始兴、阳山、新丰、翁源、惠阳、大埔、广州、深圳、高要、肇庆、怀集、封开、信宜、阳春、海康。分布于我国东南部、南部至西南部。

原产地及分布现状：原产美洲热带地区，现广泛分布于全世界热带和亚热带地区。

生境：生于园圃、旷野、路旁、灌木丛、草丛。

用途：是良好的覆盖植物和改土植物，可作绿肥；其幼嫩茎叶可以代茶；根可药用。

危害及防控管理：危害较轻。人工拔除。

36.望江南

学名：*Senna occidentalis* (L.) Link

形态特征：直立亚灌木，无毛，高0.8～1.5m；枝带草质，有棱；根黑色。叶长约20cm，叶柄近基部有大而褐色、卵球形的腺体1枚；小叶4～5对，膜质，卵形至卵状披针形，长4～9cm，宽2～3.5cm，顶端渐尖；小叶柄长1～1.5mm，揉之有腐败气味；托叶早落。花数朵组成伞房状总状花序，腋生和顶生，长约5cm；花瓣黄色，外生的卵形，长约15mm，宽9～10mm，其余可长达20mm。荚果带状镰形，褐色，压扁，长10～13cm；种子30～40颗。花期4～8月，果期6～10月。

产地与国内分布：乐昌、连州、翁源、陆丰、揭西、广州、深圳、珠海、高要、肇庆、台山、德庆、云浮、新兴、封开、郁南、阳春、徐闻、茂名。分布于我国东南部、南部及西南部各省区。

原产地及分布现状：原产美洲热带地区，现广泛分布于全世界热带和亚热带地区。

生境：村边荒地、园圃、旷野、丘陵。

用途：种子、叶和根均可药用，鲜叶捣碎治毒蛇毒虫咬伤。

危害及防控管理：危害较轻。植株有微毒，牲畜误食过量可以致死。人工拔除。

37.决明

学名：*Senna tora* (L.) Roxb.

别名：假花生、假绿豆

形态特征：直立、粗壮亚灌木状草本，高1～2m。叶长4～8cm；叶柄上无腺体；叶轴上每对小叶间有棒状的腺体1枚；小叶3对，膜质，倒卵形或倒卵状长椭圆形，长2～6cm，宽1.5～2.5cm，顶端圆钝而有小尖头，基部渐狭，偏斜；托叶线状，早落。花腋生，通常2朵聚生；萼片稍不等大，卵形或卵状长圆形，膜质，外面被柔毛，长约8mm；花瓣黄色，下面2片略长，长12～15mm，宽5～7mm。荚果纤细，近四棱形，两端渐尖，长达15cm，宽3～4mm，膜质；种子菱形，光亮。花果期8～11月。

产地与国内分布：乐昌、乳源、英德、阳山、翁源、清远、龙门、河源、蕉岭、海丰、广州、深圳、高要、肇庆、新兴、怀集、郁南、封开、云浮、罗定、阳春、台山、茂名。我国长江以南各省区普遍分布。

原产地及分布现状：原产美洲热带地区，也可能是南亚，现全世界热带、亚热带地区广泛分布。

生境：生于田边、湿地、旷野、河滩沙地、废弃地。

用途：种子叫决明子，可药用，也可提取蓝色染料；苗叶和嫩果可食。

危害及防控管理：危害较轻。人工拔除。

（二十二）蝶形花科Papilionaceae

38.猪屎豆

学名：*Crotalaria pallida* Ait.

别名：黄野百合

形态特征：草本或呈灌木状；茎枝圆柱形，具小沟纹，密被紧贴的短柔毛。叶三出，柄长2～4cm；小叶长圆形或椭圆形，长3～6cm，宽1.5～3cm，先端钝圆或微凹，基部阔楔形，上面无毛，下面略被丝光质短柔毛。总状花序顶生，长达25cm，有花10～40朵；苞片线形，长约4mm；花梗长3～5mm；花萼近钟形，长4～6mm，五裂，萼齿三角形，密被短柔毛；花冠黄色，伸出萼外，旗瓣圆形或椭圆形，直径约10mm。荚果长圆形，长3～4cm，直径5～8mm，幼时被毛，后脱落，果瓣开裂后扭转；种子20～30颗。花果期9～12月。

产地与国内分布：英德、广州、博罗、番禺、深圳、肇庆、高要、封开、郁南、云浮、罗定、德庆、阳春、阳江、茂名、高州。分布于广西、香港、福建、台湾、四川、云南、山东、浙江、湖南。

原产地及分布现状：可能原产于非洲，归化于美洲、非洲、亚洲热带、亚热带地区。

生境：生于田边、荒地、路旁、沙地。

用途：药用；护坡、固土；观赏。

危害及防控管理：危害中度。人工拔除。

39.田菁

学名：*Sesbania cannabina* (Retz.) Poir.

形态特征：草本，高3～3.5m。茎绿色，有时带褐色、红色，微被白粉，有不明显淡绿色线纹。幼枝疏被白色绢毛，后秃净，折断有白色黏液。羽状复叶；叶轴上面具沟槽，幼时疏被绢毛，后几乎无毛；小叶20～30（～40)对，对生或近对生，线状长圆形，长8～20（～40)mm，位于叶轴两端者较短小，先端钝至截平，两侧不对称，上面无毛，下面幼时疏被绢毛，两面被紫色小腺点。总状花序长3～10cm，具2～6朵花，疏松；苞片线状披针形，小苞片2枚，均早落；花萼斜钟状，长3～4mm，无毛；花冠黄色，旗瓣横椭圆形至近圆形，长9～10mm，先端微凹至圆形，基部近圆形，外面散生大小不等的紫黑点和线。荚果细长，圆柱形，长12～22cm，宽2.5～3.5mm，微弯，外面具黑褐色斑纹，喙尖，果颈长约5mm，开裂，种子间具横隔，有种子20～35粒；种子绿褐色，有光泽，短圆柱状，长约4mm。花果期7～12月。

产地与国内分布：珠三角地区、粤东、粤西。华南、江苏、浙江、江西、福建、云南有栽培或逸为野生。

原产地及分布现状：可能原产澳大利亚至太平洋群岛西南部，归化于亚洲、非洲热带地区。

生境：生于田边水渠、菜地周边、沟旁滩地、荒野、路旁。

用途：茎、叶可作绿肥及牲畜饲料；纤维植物。

危害及防控管理：危害严重。人工拔除或施用除草剂防治。

（二十三）荨麻科 Urticaceae

40. 小叶冷水花

学名：*Pilea microphylla* (L.) Liebm.

别名：透明草、小叶冷水麻

形态特征：纤细小草本，无毛，铺散或直立。茎肉质，多分枝，高 3 ~ 17cm，干时常变蓝绿色。叶细小，同对的不等大，倒卵形至匙形，长 3 ~ 7mm，宽 1.5 ~ 3mm，先端钝，基部楔形或渐狭，边缘全缘，稍反曲。聚伞花序密集呈近头状，具梗，稀近无梗，长 1.5 ~ 6mm。雄花具梗，在芽时长约 0.7mm；花被片 4，卵形。雌花更小；花被片 3，稍不等长，果实中间的一枚长圆形，稍增厚。瘦果卵形，长约 0.4mm，熟时变褐色，光滑。花期夏秋季，果期秋季。

产地与国内分布：广东大部分地区。在国内广西、福建、江西、浙江和台湾低海拔地区已成为广泛的归化植物。

原产地及分布现状：原产南美洲热带，现归化于世界热带和亚热带地区。

生境：生于苗圃、沟渠、墙壁、石缝阴湿处。

用途：全草可药用，或炒食。

危害及防控管理：危害中度。人工拔除。

（二十四）茜草科Rubiaceae

41.盖裂果

学名：*Mitracarpus hirtus* (L.) DC.

形态特征：直立草本，高40～80cm；茎下部近圆柱形，上部微具棱，被疏粗毛。叶无柄，长圆形或披针形，长3～4.5cm，宽0.7～1.5cm，顶端短尖，基部渐狭，上面粗糙或被极疏短毛，下面被毛稍密和略长，边缘粗糙；托叶鞘形，顶端刚毛状，裂片长短不齐。花细小，簇生于叶腋内，有线形与萼近等长的小苞片；萼管近球形，萼檐裂片长的长1.8～2mm，短的长0.8～1.2mm，具缘毛；花冠漏斗形，长2～2.2mm，管内和喉部均无毛。果近球形，直径约1mm；种子深褐色，近长圆形。花果期近全年。

产地与国内分布：梅州、清远、惠州、揭阳、汕尾、广州、中山、东莞、茂名、阳江、云浮、肇庆、湛江。分布于海南、广西、香港、澳门。

原产地及分布现状：原产美洲安第斯山区，现归化于亚洲、非洲热带地区。

生境：生于农田、菜地路边、路旁、沙地、林下草丛。

危害及防控管理：危害中度。由于种子小且量大，不易清除。

42. 墨苜蓿

学名：*Richardia scabra* L.

形态特征：一年生匍匐或近直立草本，长可至80cm或更长。茎近圆柱形，被硬毛，节上无不定根，疏分枝。叶厚纸质，卵形、椭圆形或披针形，长1～5cm，顶端通常短尖，钝头，基部渐狭，两面粗糙，边上有缘毛；托叶鞘状，顶部截平，边缘有数条刚毛。头状花序有花多朵，顶生，总梗顶端有1或2对叶状总苞，总苞片阔卵形；萼长2.5～3.5mm，萼裂片披针形或狭披针形；花冠白色，漏斗状或高脚碟状，管长2～8mm。分果瓣3（～6），长2～3.5mm，长圆形至倒卵形。花果期近全年。

产地与国内分布：博罗、广州、饶平、信宜。分布于广西、海南、香港、福建。

原产地及分布现状：原产热带美洲，现归化于亚洲、非洲热带地区。约在20世纪80年代传入我国南部。

生境：生于菜地边、耕地、沙滩、河岸、路旁、旷野杂草丛。

危害及防控管理：危害较轻。人工拔除。

43. 阔叶丰花草

学名：*Spermacoce alata* Aublet

异名：*Borreria latifolia* (Aubl.) K. Schum.

形态特征：披散、粗壮草本；茎和枝均为明显的四棱柱形，棱上具狭翅。叶椭圆形或卵状长圆形，长2～7.5cm，宽1～4cm，顶端锐尖或钝，基部阔楔形而下延，叶面平滑；托叶膜质，被粗毛，顶部有数条长于鞘的刺毛。花数朵丛生于托叶鞘内，无梗；小苞片略长于花萼；萼管圆筒形，长约1mm，被粗毛，萼檐4裂；花冠漏斗形，浅紫色，罕有白色，长3～6mm。蒴果椭圆形，长约3mm，直径约2mm，被毛；种子近椭圆形，两端钝。花果期近全年。

产地与国内分布：珠三角地区、粤东、粤西。分布于广西、海南、香港、澳门、福建、台湾、浙江。

原产地及分布现状：原产南美洲，现归化于亚洲、欧洲、非洲、大洋洲和北美洲热带和温带地区。约1937年引进广东等地繁殖作军马饲料。

生境：生于茶园、果园、橡胶园及花生、甘蔗、菜地等旱作物地，以及山坡、荒地、沙地、林缘。

用途：可用作饲料。

危害及防控管理：危害中度。种子小且量大，生长快，不易清除。在开花结果前人工拔除，结合耕地除草；利用草甘膦、四氟丙酸钠等除草剂防治（曾宪锋等，2014）。

（二十五）菊科Compositae

44.藿香蓟

学名：*Ageratum conyzoides* L.

别名：胜红蓟

形态特征：直立草本，高10～100cm，无明显主根。茎粗壮，不分枝或自基部或自中部以上分枝；茎枝淡红色，或上部绿色，被白色短柔毛。叶对生，有时上部互生；中部茎叶卵形或椭圆形或长圆形，长3～8cm，宽2～5cm；自中部叶向上向下及腋生小枝上的叶渐小或小，卵形或长圆形，有时植株全部叶小，长仅1cm，宽仅0.6mm。全部叶基部钝形或宽楔形，基出三脉或不明显五出脉，顶端急尖，边缘圆锯齿，两面被白色稀疏的短柔毛且有黄色腺点。头状花序4～18个在茎顶排成紧密的伞房状花序；总苞钟状或半球形，宽5mm；总苞片2层，长圆形或披针状长圆形，长3～4mm，外面无毛，边缘撕裂；花冠长1.5～2.5mm，外面无毛或顶端有尘状微柔毛，檐部5裂，淡紫色。瘦果黑褐色，5棱，长1.2～1.7mm，有白色稀疏细柔毛。花果期近全年。

产地与国内分布：广东大部分地区。我国广东、广西、云南、贵州、四川、江西、福建等地有栽培或归化野生分布。

原产地及分布现状：原产中南美洲，作为杂草已归化于亚洲、非洲热带和亚热带地区。

生境：生于果园、菜地、田边、山谷、山坡林下或林缘、河边。

用途：可药用，也可用于杀虫。

危害及防控管理：危害严重。人工拔除，结合中耕除草；用绿海灵、金都尔等除草剂防治（曾宪锋等，2014）。

45.豚草

学名：*Ambrosia artemisiifolia* L.

形态特征：直立草本，高20～150cm；茎上部有圆锥状分枝，有棱，被疏生密糙毛。下部叶对生，具短叶柄，二次羽状分裂，裂片狭小，长圆形至倒披针形，全缘，上面被细短伏毛或近无毛，背面被密短糙毛；上部叶互生，无柄，羽状分裂。雄头状花序半球形或卵形，直径4～5mm，具短梗，下垂，在枝端密集成总状花序。花托具刚毛状托片；每个头状花序有10～15个不育的小花；花冠淡黄色，长2mm，有短管部，上部钟状，有宽裂片。瘦果倒卵形，无毛，藏于坚硬的总苞中。花期8～9月，果期9～10月。

产地与国内分布：乐昌、乳源、连山、连南、连州、英德、梅州、封开、吴川、陆丰、揭阳、广州。分布于广西、江西、浙江、江苏、安徽、湖北、湖南、北京、上海、山东、河北、黑龙江、吉林、辽宁等地。

原产地及分布现状：原产北美洲，现归化于亚洲、非洲、大洋洲和欧洲。

生境：生于农田、菜地、果园、荒地。

危害及防控管理：危害严重。20世纪30年代传入我国东部沿海，随后以极快的速度向其他地区扩散，对我国农业生产、生物多样性以及人体健康构成严重的威胁。该物种为国家环境保护总局2003年公布的首批外来入侵植物。人工拔除；利用豚草卷叶蛾及广聚萤叶甲进行生物防治；用苯达松、虎威、草甘膦等化学防治（曾宪锋等，2014）。

46.钻叶紫菀

学名：*Symphyotrichum subulatum* (Michx.) G. L. Nesom

异名：*Aster subulatus* Michx.

别名：钻形紫菀

形态特征：草本，高15～150cm；茎单一，直立，基部粗1～6mm，自基部或中部或上部具多分枝，茎和分枝具粗棱，光滑无毛，基部或下部或有时整个带紫红色。基生叶在花期凋落；茎生叶多数叶片披针状线形，极稀狭披针形，长2～15cm，宽0.2～2cm，先端锐尖或急尖，基部渐狭，两面光滑无毛。头状花序多数，直径7～10mm，于茎和枝先端排列成疏圆锥状花序；花序梗纤细、光滑，具4～8枚钻形、长2～3mm的苞叶；总苞钟形，直径7～10mm。雌花花冠舌状，舌片淡红色、红色、紫红色或紫色，线形，长1.5～2mm，先端2浅齿；两性花，花冠管状，长3～4mm。瘦果线状长圆形，长1.5～2mm，稍扁；冠毛1层，细而软，长3～4mm。花果期6～10月。

产地与国内分布：在广东广布。华南、华中、华东、西南有逸生。

原产地及分布现状：原产北美洲，现归化于亚洲、欧洲、非洲和南美洲热带至温带地区。

生境：生于田边、菜地、路旁、荒野、废弃地、村旁。

危害及防控管理：危害严重。该物种为我国环境保护部2014年公布的第三批外来入侵植物。人工拔除；选用二甲四氯等除草剂进行化学防治（曾宪锋等，2014）。

47. 大狼杷草

学名：*Bidens frondosa* L.

形态特征：直立草本；茎高 20 ~ 120cm，有分枝，略呈四棱形，常带紫色。叶对生，具柄，为一回羽状复叶，小叶 3 ~ 5 枚，披针形，长 3 ~ 10cm，宽 1 ~ 3cm，先端渐尖，边缘有粗锯齿，通常背面被稀疏短柔毛。头状花序单生茎端和枝端，连同总苞苞片直径 12 ~ 25mm，高约 12mm。总苞钟状或半球形，外层苞片 5 ~ 10 枚，通常 8 枚，披针形或匙状倒披针形，叶状，边缘有缘毛，内层苞片长圆形，长 5 ~ 9mm，具淡黄色边缘，无舌状花或舌状花不发育，不明显，筒状花两性，花冠长约 3mm。瘦果扁平，狭楔形，长 5 ~ 10mm，近无毛或被糙伏毛，顶端芒刺 2 枚，长约 2.5mm，有倒刺毛。花期 8 ~ 9 月。

产地与国内分布：乳源。分布于海南、广西、江苏、江西、上海、福建、台湾、河南、贵州、吉林、黑龙江等地。

原产地及分布现状：原产北美，现除南美洲、非洲南部外，全球几乎都有分布。

生境：生于田间、菜地边、荒地、路边和沟边。

用途：药用。

危害及防控管理：危害中度。该物种为我国环境保护部和中国科学院 2016 年公布的自然生态系统第四批外来入侵植物。人工拔除。

48.鬼针草

学名：*Bidens pilosa* L.

异名：*Bidens pilosa* var. *radiata* Sch. Bip.

别名：白花鬼针草

形态特征：直立草本，高30～100cm；茎钝四棱形，无毛或上部被极稀疏的柔毛。茎下部叶较小，3裂或不分裂，通常在开花前枯萎，中部叶具长1.5～5cm无翅的柄，三出，小叶3枚，很少为具5（～7）小叶的羽状复叶，两侧小叶椭圆形或卵状椭圆形，长2～4.5cm，边缘有锯齿，顶生小叶较大。头状花序顶生，排成疏伞房花序，舌状花5～7枚，白色，有时缺，中央管状花黄色。瘦果黑色，条形，略扁，具棱，长7～13mm，宽约1mm，顶端芒刺3～4枚，长1.5～2.5mm，具倒刺毛。花果期近全年。

产地与国内分布：广东大部分地区。分布于华南、华东、华中、西南各省区。

原产地及分布现状：原产美洲热带至温带地区，现归化于世界热带至温带地区。

生境：生于田地边、菜地、果园、村旁、路边及荒地。

用途：药用；幼叶也可食用。

危害及防控管理：瘦果具倒刺，极易黏附在人或动物身上传播；有强烈的化感作用，影响其他植物生存。危害严重。该物种为我国环境保护部2014年公布的第三批外来入侵植物。在花期前人工或机械清除；使用草甘膦、使它隆等除草剂化学防治（曾宪锋等，2018）。

49. 飞机草

学名：*Chromolaena odorata* (L.) R. M. King et H. Robinson

异名：*Eupatorium odoratum* L.

形态特征：多年生草本；茎直立，高1～3m，苍白色，有细条纹；分枝粗壮，常对生，与主茎成直角，少有分披互生而与主茎成锐角的；全部茎枝被稠密黄色茸毛或短柔毛。叶对生，卵形、三角形或卵状三角形，长4～10cm，宽1.5～5cm，质地稍厚，两面被长柔毛及红棕色腺点，基出三脉。头状花序多数或少数在茎顶或枝端排成伞房状或复伞房状花序，花序直径常3～6cm，少数达13cm。花序梗粗壮，密被稠密的短柔毛。总苞圆柱形，长1cm，宽4～5mm，约含20个小花。花白色或粉红色，花冠长5mm。瘦果黑褐色，长4mm，5棱，无腺点。花果期12月至翌年4月。

产地与国内分布：潮州、河源、广州、湛江、茂名、阳江、江门。1934年在云南南部已发现，现在我国香港、澳门、海南、广西、云南、福建、贵州、台湾有分布。

原产地及分布现状：原产北美洲，现归化于亚洲热带地区、非洲和大洋洲。

生境：生于农田、果园、茶园、桑园、疏林下、退化草场、路旁、海边空旷地。

用途：药用；杀虫植物。

危害及防控管理：瘦果具刺状冠毛极易黏附在人或动物身上传播；能产生化感物质，抑制其他植物的生长，危害多种粮食作物、果树或茶树；叶有毒，误食会引起农畜和鱼类中毒。该植物亦是叶斑病原菌的中间宿主。危害严重。该物种为国家环境保护总局2003年公布的首批外来入侵植物。人工拔除或机械砍除；选用2,4-D、麦草畏、绿草定等除草剂进行化学防治；使用褐黑象甲、泽兰食蝇等进行生物防治(莫林和张红莲，2014)。

50.野茼蒿

学名：*Crassocephalum crepidioides* (Benth.) S. Moore

别名：冬风菜、草命菜

形态特征：直立草本，高30～120cm；茎有纵条棱，无毛。叶椭圆形或长圆状椭圆形，长7～12cm，宽4～5cm，顶端渐尖，基部楔形，边缘有不规则锯齿或重锯齿，或有时基部羽状裂，两面近无毛。头状花序数个在茎端排成伞房状，直径约3cm，总苞钟状，长1～1.2cm，基部截形，有数枚不等长的线形小苞片；总苞片1层，线状披针形，小花全部管状，两性，花冠红褐色或橙红色，檐部5齿裂。瘦果狭圆柱形，赤红色，有肋，被毛；冠毛极多数，白色，绢毛状。花果期近全年。

产地与国内分布：广东大部分地区。分布于广西、海南、江西、福建、湖南、湖北、贵州、云南、四川、西藏。

原产地及分布现状：原产非洲热带地区，现归化于亚洲、大洋洲和美洲泛热带地区。

生境：生于田边、果园、菜地边、路旁、水边、废弃地、灌丛中。

用途：嫩叶可作蔬菜；药用。20世纪30年代中国工农红军食用的"革命菜"。

危害及防控管理：危害中度。人工拔除，作为蔬菜或家畜饲料进行利用。

51.鳢肠

学名：*Eclipta prostrata* (L.) L.

形态特征：直立草本；茎斜升或平卧，高达60cm，通常自基部分枝，被贴生糙毛。叶长圆状披针形或披针形，长3～10cm，宽0.5～2.5cm，顶端尖或渐尖，边缘有细锯齿或有时仅波状，两面被密硬糙毛。头状花序直径6～8mm，有长2～4cm的细花序梗；总苞球状钟形，总苞片绿色，草质，5～6个排成2层；外围的雌花2层，舌状，长2～3mm，舌片短，顶端2浅裂或全缘，中央的两性花多数，花冠管状，白色，长约1.5mm。瘦果暗褐色，长约2.8mm。花期6～9月。

产地与国内分布：广东大部分地区。分布于广西、海南、湖北、云南、江苏、福建、浙江、陕西、四川、江西等省（自治区）。

原产地及分布现状：原产美洲，现归化于世界热带及亚热带地区。

生境：生于稻田、菜园、河边湿地、路旁。

用途：药用，也可食用。

危害及防控管理：危害中度。开花结果前人工拔除。

52. 白花地胆草

学名：*Elephantopus tomentosus* L.

形态特征：草本；根状茎粗壮，斜升或平卧；茎直立，高0.8～1m或更高，多分枝。叶散生于茎上，基部叶在花期常凋萎，下部叶长圆状倒卵形，长8～20cm，宽3～5cm，顶端尖，基部渐狭成具翅的柄，稍抱茎，上部叶椭圆形或长圆状椭圆形，长7～8cm，全部叶具有小尖的锯齿，稀近全缘。头状花序在茎枝顶端密集成团球状复头状花序，复头状花序基部有3个卵状心形的叶状苞片，具细长的花序梗，排成疏伞房状；花冠白色，漏斗状，长5～6mm，无毛。瘦果长圆状线形，长约3mm，被短柔毛；冠毛污白色，具5条硬刚毛。花期8月至翌年5月。

产地与国内分布：新丰、龙门、博罗、广州、东莞、深圳、陆丰、肇庆、阳春、阳江、江门、茂名、罗定。分布于香港、福建、台湾。

原产地及分布现状：原产美国东南部，现归化于世界泛热带地区。

生境：生于园圃、山坡旷野、路边或灌丛中。

用途：药用，根部可用来煲汤。

危害及防控管理：危害较轻。人工拔除。

53.败酱叶菊芹

学名：*Erechtites valerianifolius* (Link ex Spreng.) DC.

别名：菊芹、飞机草

形态特征：一年生草本；茎具纵条纹，近无毛。叶有长柄，长圆形或椭圆形，基部斜楔形，边缘有重锯齿或羽状深裂，裂片6～8对，披针形，两面无毛；叶柄具下延窄翅。头状花序较多数，排成较密集伞房状圆锥花序，具线形小苞片；小花多数，淡黄紫色；外围小花1～2层。瘦果圆柱形，具淡褐色细肋，无毛或被微柔毛；冠毛多层，淡红色。花果期近全年。

产地与国内分布：乳源、连山、龙门、广州、肇庆、湛江、高要、阳春、阳江、封开、信宜。分布于海南、香港、广西、云南。

原产地及分布现状：原产北美洲的墨西哥至西印度群岛和中、南美洲的阿根廷，现归化于亚洲和大洋洲泛热带地区。

生境：生于田间、菜园、水田、路旁、荒地。

危害及防控管理：危害较轻。人工拔除。

54.香丝草

学名：*Erigeron bonariensis* L.

形态特征：一年生或二年生草本，根纺锤状，常斜升；茎直立或斜升，高20～50cm或更高，中部以上常分枝，常有斜上不育的侧枝，密被贴短毛，杂有开展的疏长毛。叶密集，基部叶花期常枯萎，下部叶倒披针形或长圆状披针形，长3～5cm，宽0.3～1cm，基部渐狭成长柄，通常具粗齿或羽状浅裂，中部和上部叶具短柄或无柄，狭披针形或线形，长3～7cm，宽0.3～0.5cm，中部叶具齿，两面均密被贴糙毛。头状花序多数，径约8～10mm，在茎端排列成总状或总状圆锥花序；总苞椭圆状卵形，长约5mm，宽约8mm，总苞片2～3层，线形，顶端尖。花托稍平，有明显的蜂窝孔；雌花多层，白色，花冠细管状，长3～3.5mm，无舌片或顶端仅有3～4个细齿；两性花淡黄色，花冠管状。瘦果线状披针形，长1.5mm，扁压，被疏短毛；冠毛1层，淡红褐色。花期5～10月。

产地与国内分布：广东大部分地区。分布于我国中部、东部、南部至西南部各省。

原产地及分布现状：原产南美洲，现广泛分布于全球热带及亚热带地区。

生境：生于田边、菜地、果园、荒地、路旁，为一种常见的杂草。

用途：药用。

危害及防控管理：危害严重。人工拔除；使用草坪宁除草剂进行喷洒。

55. 小蓬草

学名：*Erigeron canadensis* L.

别名：加拿大蓬、小飞蓬

形态特征：一年生草本，根纺锤状；茎直立，高50～100cm或更高，圆柱状，常具棱，有条纹，被疏长硬毛，上部多分枝。叶密集，基部叶花期常枯萎，下部叶倒披针形，长6～10cm，基部渐狭成柄，边缘具疏锯齿或全缘，中部和上部叶较小，线状披针形或线形，近无柄或无柄，全缘或少有具1～2个齿，两面或仅上面被疏短毛，边缘常被上弯的硬缘毛。头状花序多数，小，直径3～4mm，排列成顶生多分枝的大圆锥花序；总苞近圆柱状，长2.5～4mm；总苞片2～3层，淡绿色，线状披针形或线形，顶端渐尖；雌花多数，舌状，白色，长2.5～3.5mm；两性花淡黄色，花冠管状。瘦果线状披针形，长1.2～1.5mm，稍扁压，被贴微毛；冠毛污白色，1层。花期5～9月，果期8～12月。

产地与国内分布：广东大部分地区。我国南北各省均有分布。

原产地及分布现状：原产北美洲，现归化于世界大部分地区。

生境：生于田边、菜地、旷野、荒地、山坡、路旁，为一种常见的杂草。

用途：全草入药；嫩茎、叶可作猪饲料。

危害及防控管理：通过分泌化感物质抑制邻近其他植物的生长，对秋收作物、果园和茶园危害严重，并为棉铃虫和棉蜡象的中间寄主。该物种为我国环境保护部2014年公布的第三批外来入侵植物。人工拔除，或在苗期使用绿麦隆、2,4-滴丁酯进行防治（曾宪锋等，2018）。

56.苏门白酒草

学名：*Erigeron sumatrensis* Retz.

形态特征：一年生或二年生草本，根纺锤状，直或弯；茎粗壮，直立，高80～150cm，基部直径4～6mm，具条棱，绿色或下部红紫色，中部或中部以上有长分枝，被较密灰白色上弯糙短毛，杂有开展的疏柔毛。叶密集，基部叶花期凋落，下部叶倒披针形或披针形，长6～10cm，宽1～3cm，基部渐狭成柄，边缘上部每边常有4～8个粗齿，基部全缘，中部和上部叶渐小，狭披针形或近线形，两面特别下面被密糙短毛。头状花序多数，直径5～8mm，在茎枝端排列成大而长的圆锥花序；总苞卵状短圆柱状，长4mm，宽3～4mm，总苞片3层，灰绿色，线状披针形或线形，顶端渐尖；花托稍平，具明显小窝孔，直径2～2.5mm；雌花多层，长4～4.5mm，管部细长，舌片淡黄色或淡紫色，极短细，丝状；两性花6～11个，花冠淡黄色。瘦果线状披针形，长1.2～1.5mm；冠毛1层，初时白色，后变黄褐色。花期5～10月。

产地与国内分布：广州、东莞、湛江、江门、茂名。分布于广西、海南、云南、贵州、江西、福建、台湾。

原产地及分布现状：原产南美洲，现在全球热带和亚热带地区广泛分布。

生境：生于田园、河岸、沟渠、山坡草地、旷野、路旁，是一种常见的杂草。

危害及防控管理：危害严重。该物种为我国环境保护部2014年公布的中国第三批外来入侵植物。人工拔除。

57.牛膝菊

学名：*Galinsoga parviflora* Cav.

形态特征：一年生草本，高 10 ～ 80cm；茎不分枝或自基部分枝，全部茎枝被疏散或上部稠密的贴伏短柔毛和少量腺毛，茎基部和中部花期脱毛或稀毛。叶对生，卵形或长椭圆状卵形，长 2 ～ 5.5cm，基出三脉或不明显五出脉，被白色稀疏贴伏的短柔毛，沿脉和叶柄上的毛较密。头状花序半球形，有长花梗，多数在茎枝顶端排成疏松的伞房花序，花序直径约3cm；舌状花4 ～ 5个，舌片白色，顶端3齿裂，筒部细管状；管状花花冠长约1mm，黄色。瘦果长1 ～ 1.5mm，三棱或中央的瘦果4 ～ 5棱，黑色或黑褐色。舌状花冠毛毛状，脱落；管状花冠毛膜片状，白色，披针形。花果期7 ～ 10月。

产地与国内分布：乐昌、乳源、广州、惠州。分布于香港、四川、云南、贵州、西藏等地。

原产地及分布现状：原产南美洲，现归化于世界大部分地区。

生境：生于田间、河边、林下、河谷地、荒野、溪边。

用途：全草药用。

危害及防控管理：危害中度。人工拔除。

58.薇甘菊

学名：*Mikania micrantha* Kunth

形态特征：草质或稍木质藤本；茎匍匐或攀缘，多分枝，被短柔毛或近无毛，幼时绿色，近圆柱形，老茎淡褐色，具多条肋纹。茎中部叶三角状卵形，长4～13cm，基部心形，偶近戟形，先端渐尖，边缘具数个粗齿或浅波状圆锯齿，两面无毛，基出3～7脉；上部的叶渐小。头状花序多数，在枝端常排成复伞房花序状，头状花序含小花4朵，总苞片4枚，狭长椭圆形，顶端渐尖，花有香气；花冠白色，脊状，长3～3.5mm。瘦果长1.5～2mm，黑色，被毛，具5棱，冠毛有多条刺毛组成，白色。

产地与国内分布：广东南部。分布于广西、海南、香港、澳门、福建。

原产地及分布现状：原产于南美洲和中美洲，现已广泛传播到亚洲和大洋洲的热带和亚热带地区。

生境：生于农田、果园、路旁、荒地、草丛、疏林。

用途：植物提取液可作生物农药；可作饲料。

危害及防控管理：危害严重。大约在1919年，薇甘菊作为杂草在香港出现，1984年在深圳发现，2008年来已广泛分布在珠江三角洲地区。被IUCN列入世界100种恶性入侵物种名单（Lowe et al., 2000）。该物种为国家环境保护总局2003年公布的首批外来入侵植物。可在开花前人工拔除或工具铲除；用2, 4-D+敌草快复合药剂、森草净+2, 4-D钠盐复合药剂等喷施防治；利用薇甘菊颈盲蝽、金灯藤、菟丝子等进行生物防治（曾宪锋等，2018）。

59. 银胶菊

学名：*Parthenium hysterophorus* L.

形态特征：直立草本；茎高 0.6 ~ 1m，多分枝，具条纹，被短柔毛，节间长 2.5 ~ 5cm。叶片二回羽状深裂，卵形或椭圆形，羽片 3 ~ 4 对，卵形，长 3.5 ~ 7cm，小羽片卵状或长圆状，常具齿，顶端略钝，上面被基部为疣状的疏糙毛，下面的毛较密而柔软。头状花序多数，直径 3 ~ 4mm，在茎枝顶端排成开展的伞房花序；总苞宽钟形或近半球形，直径约 5mm；总苞片 2 层，各 5 个。舌状花 1 层，5 个，白色，长约 1.3mm，舌片卵形或卵圆形，顶端 2 裂。管状花多数，长约 2mm。雌花瘦果倒卵形，基部渐尖，干时黑色；冠毛 2，鳞片状。花期 4 ~ 10 月。

产地与国内分布：梅州、汕头、大埔、惠州、广州、茂名、阳江、云浮、雷州半岛、湛江。分布于广西西部、贵州西南部及云南南部。

原产地及分布现状：原产美洲热带地区，现归化于亚洲、非洲和大洋洲泛热带地区。

生境：生于菜地边、空旷地、路旁、河边及坡地。

用途：药用。

危害及防控管理：危害中度。对其他植物有化感作用，还可引起人和家畜的过敏性皮炎。该物种为我国环境保护部 2010 年公布的第二批外来入侵植物。人工拔除；使用草甘膦水剂 1 000 倍液或草甘膦铵盐颗粒剂 1 000 倍液喷施（曾宪锋等，2018）。

60.翼茎阔苞菊

学名：*Pluchea sagittalis* (Lam.) Cabrera

形态特征：直立草本，全株具浓厚的芳香气味，被浓密的绒毛；茎多分枝，自叶基部向下延伸到茎部形成翼。叶互生，披针形或阔披针形，上下两面具绒毛，无柄，边缘具尖锐的锯齿。头状花序盘状，具花梗，顶生或腋生呈伞房花序状，花托扁平，外缘小花多数，花冠白色；中央两性花白色，顶端渐紫。瘦果棕色，圆柱状，具5肋；冠毛明显。花果期近全年。

产地与国内分布：广州、佛山、中山、东莞、江门、云浮。分布于海南、澳门、福建、台湾。

原产地及分布现状：原产北美洲、西印度群岛和南美洲，现归化于亚洲热带地区。

生境：生于废弃稻田、菜地边、池塘边、河岸、湿地、海岸洼地。

危害及防控管理：危害严重。种子量大，传播快速。人工清除，禁止作为药用植物栽培。

61.假臭草

学名：*Praxelis clematidea* R. M. King et H. Rob.

异名：*Eupatorium catarium* Veldkamp

形态特征：草本，全株被长柔毛；茎直立，高0.3～1m，多分枝。叶对生，卵圆形至菱形，长2.5～6cm，先端急尖，基部圆楔形，边缘有明显锯齿，每边5～8齿。揉搓叶片有刺激性味道。头状花序生于茎、枝的顶端，总苞片4～5层，小花25～30朵，藏蓝色或淡紫色。花冠长3.5～4.8mm。瘦果黑色，条状，具3～4棱。种子长2～3mm，顶端具一圈白色冠毛。花果期近全年。

产地与国内分布：广东大部分地区。海南、澳门、香港、广西、福建、台湾等地广泛分布。

原产地及分布现状：原产南美洲，现归化于亚洲和大洋洲泛热带地区。

生境：生于果园、菜地、田梗、林下、房前屋后、空旷地等。

危害及防控管理：危害严重。假臭草种子传播能力极强，在适宜条件下，全年可以萌发，有很强的入侵性，能迅速覆盖果园或菜园的地面。由于其对土壤肥力吸收力强，严重影响果树等植物的生长，并分泌一种有毒的恶臭味，影响家畜觅食。该物种为我国环境保护部2014年公布的第三批外来入侵植物。人工拔除或机械铲除；使用草甘膦等除草剂防治（曾宪锋等，2018）。

62.裸柱菊

学名：*Soliva anthemifolia* (Juss.) R. Br.

形态特征：矮小草本；茎极短，平卧。叶互生，长5～10cm，二至三回羽状分裂，裂片线形，全缘或3裂，被长柔毛或近于无毛。头状花序近球形，无梗，生于茎基部，直径6～12mm；总苞片2层，长圆形或披针形；边缘的雌花多数，无花冠；中央的两性花少数，花冠管状，黄色，长约1.2mm，顶端3裂齿，基部渐窄。瘦果倒披针形，扁平，有厚翅，长约2mm，顶端圆形，有长柔毛，花柱宿存。花果期近全年。

产地与国内分布：乳源、梅州、惠东、广州、肇庆、江门、阳春。分布于香港、澳门、台湾、福建、江西、浙江、安徽。

原产地及分布现状：原产南美洲，现归化于亚洲和大洋洲泛热带地区。

生境：生于田野、菜园、果园、荒地、河边草丛。

危害及防控管理：危害中度。人工拔除。

63.苦苣菜

学名：*Sonchus oleraceus* L.

形态特征：直立草本。茎单生；高40～150cm，有纵条棱或条纹。基生叶羽状深裂，或大头羽状深裂，或基生叶不裂，全部基生叶基部渐狭成长或短翼柄；中下部茎叶羽状深裂或大头状羽状深裂，长3～12cm，宽2～7cm，基部急狭成翼柄，柄基圆耳状抱茎。头状花序少数在茎枝顶端排成紧密的伞房花序或总状花序或单生茎枝顶端。总苞宽钟状，长1.5cm；总苞片3～4层，覆瓦状排列。舌状小花多数，黄色。瘦果褐色，长椭圆形或长椭圆状倒披针形，长约3mm，冠毛白色，长约7mm。花果期5～12月。

产地与国内分布：乐昌、连州、仁化、潮州、饶平、广州、珠海、肇庆、罗定、郁南、云浮、信宜。我国大部分地区有分布。

原产地及分布现状：原产欧洲、地中海至非洲北部，现归化于亚洲、大洋洲、北美洲和南美洲。

生境：生于田间、废弃地、路旁草丛、公园等地。

用途：嫩叶可作蔬菜和饲料。

危害及防控管理：危害中度。人工拔除。

64.南美蟛蜞菊

学名：*Sphagneticola trilobata* (L.) Pruski

异名：*Wedelia trilobata* (L.) Hitchc.

别名：三裂叶蟛蜞菊

形态特征：草本，茎匍匐，上部茎近直立，节间长5～14cm，基部各节生出不定根。叶对生，椭圆形、长圆形或线形，长4～9cm，宽2～5cm，呈三浅裂，叶面富光泽，两面被贴生的短粗毛，近无柄。头状花序单生于枝顶或叶腋内，宽约2cm，连柄长达4cm，花黄色，小花多数。瘦果倒卵球形，长约4mm，宽近3mm，具3～4棱，被密短柔毛。花果期近全年。

产地与国内分布：始兴、梅州、潮州、潮安、清远、惠州、广州、珠海、东莞、深圳、揭阳、饶平、汕头、阳江、茂名、江门、肇庆、湛江。分布于华南和西南。

原产地及分布现状：原产北美洲和中美洲，现归化于亚洲、非洲和大洋洲热带至温带地区。

生境：生于田地边、园圃、沙地、路旁、废弃地、公园、海岸等地，是一种常见杂草。

用途：观赏。

危害及防控管理：危害严重，被IUCN列入世界100种恶性入侵物种名单（Lowe et al., 2000）。常成片生长，分泌化感物质排挤其他植物。人工拔除或机械铲除；喷洒除草剂防治。

65.金腰箭

学名：*Synedrella nodiflora* (L.) Gaertn.

形态特征：直立草本；茎高0.5～1m，基部直径约5mm，二歧分枝，被贴生粗毛或后脱毛，节间长6～22cm，长约10cm。下部和上部叶具柄，阔卵形至卵状披针形，连叶柄长7～12cm，宽3.5～6.5cm，基部下延成2～5mm宽的翅状宽柄。头状花序直径4～5mm，长约10mm，无或有短花序梗，常2～6簇生于叶腋，或在顶端成扁球状，稀单生；小花黄色；总苞卵形或长圆形。舌状花连管部长约10mm，舌片椭圆形，顶端2浅裂；管状花向上渐扩大，长约10mm，檐部4浅裂。雌花瘦果倒卵状长圆形，扁平，深黑色，长约5mm，宽约2.5mm，边缘有增厚、污白色宽翅，翅缘各有6～8个长硬尖刺；两性花瘦果倒锥形或倒卵状圆柱形，长4～5mm，宽约1mm，黑色，有纵棱。花果期6～12月。

产地与国内分布：珠三角地区、粤东、粤西。分布于我国东南至西南部各省，东起台湾，西至云南。

原产地及分布现状：原产美洲，现广泛分布于世界热带和亚热带地区。

生境：生于耕地、旷野、山坡、路旁及宅旁。

用途：可作猪饲料。

危害及防控管理：危害严重，繁殖力极强，可使农作物减产，并入侵一些经济林。人工拔除；使用使它隆、草甘膦等除草剂防治（曾宪锋等，2018）。

66.肿柄菊

学名：*Tithonia diversifolia* (Hemsl.) A. Gray

别名：假向日葵

形态特征：直立草本，高2～5m；茎有粗壮的分枝，被稠密短柔毛或通常下部脱毛。叶卵形或卵状三角形或近圆形，长7～20cm，3～5深裂，上部的叶有时不分裂，裂片卵形或披针形，边缘有细锯齿，下面被尖状短柔毛，基出三脉。头状花序大，宽5～15cm，顶生于假轴分枝的长花序梗上。总苞片4层，外层椭圆形或椭圆状披针形，基部革质；舌状花1层，黄色，舌片长卵形，顶端有不明显的3齿；管状花黄色。瘦果长椭圆形，长约4mm，扁平，被短柔毛。花果期9～11月。

产地与国内分布：广东南部地区。分布于海南、云南、台湾。

原产地及分布现状：原产墨西哥，现归化于亚洲、大洋洲、南美洲热带和亚热带地区。

生境：生于田间、菜园、路旁、林下。

用途：观赏；茎、叶或根可药用。

危害及防控管理：危害中度。人工拔除。

67.羽芒菊

学名：*Tridax procumbens* L.

形态特征：铺地草本；茎纤细，平卧，节处常生多数不定根，长30～100cm，基部径略呈四方形，分枝，被倒向糙毛或脱毛，节间长4～9mm。基生叶略小，花期凋萎；中部叶片披针形或卵状披针形，长4～8cm，宽2～3cm，基部渐狭或近楔形，顶端披针状渐尖，边缘有不规则的粗齿和细齿，近基部常浅裂，裂片1～2对或有时仅存于叶缘之一侧，基生三出脉，两侧的1对较细弱，有时不明显；上部叶小，卵状披针形至狭披针形。头状花序少数，直径1～1.4cm，单生于茎、枝顶端；总苞钟形，长7～9mm；总苞片2～3层，外层绿色。雌花1层，舌状，舌片长圆形，长约4mm，宽约3mm，顶端2～3浅裂，管部长3.5～4mm，被毛；两性花多数，花冠管状，长约7mm，被短柔毛。瘦果陀螺形、倒圆锥形，干时黑色，长约2.5mm。冠毛上部污白色，下部黄褐色，羽毛状。花果期近全年。

产地与国内分布：珠三角地区、粤东、粤西。我国台湾至东南部沿海各省及其南部一些岛屿。

原产地及分布现状：原产热带美洲，现归化于亚洲、非洲、欧洲热带和温带地区。

生境：生于田间、旷野、荒地、坡地以及路旁阳处。

危害及防控管理：危害严重，已被美国农业部和佛罗里达州列入有害杂草名单（王瑞江等，2017）。人工拔除。

（二十六）茄科 Solanaceae

68.洋金花

学名：*Datura metel* L.

别名：白花曼陀罗

形态特征：直立草木，或呈半灌木状，高0.5～1.5m，全体近无毛；茎基部稍木质化。叶卵形或广卵形，顶端渐尖，基部不对称圆形、截形或楔形，长5～20cm，宽4～15cm，边缘有不规则的短齿或浅裂，或全缘而波状。花单生于枝叉间或叶腋。花萼筒状，长4～9cm，直径约2cm，裂片狭三角形或披针形，果时宿存部分增大成浅盘状；花冠长漏斗状，长14～20cm，檐部直径6～10cm，筒中部之下较细，向上扩大呈喇叭状，裂片顶端有小尖头，白色、黄色或浅紫色，单瓣。蒴果近球状或扁球状，疏生粗短刺，直径约3cm，不规则4瓣裂。花果期3～12月。

产地与国内分布：梅州、英德、饶平、惠州、惠阳、珠海、广州、台山、高要、云浮、封开、阳春、阳江、高州、茂名、海康、徐闻等地有栽培或逸为野生。我国海南、香港、福建、广西、云南、浙江、台湾、贵州等地常逸为野生，江苏、浙江栽培较多。

原产地及分布现状：原产热带美洲，现归化于全球泛热带地区。

生境：生于园圃、荒地。

用途：观赏；药用。

危害及防控管理：危害较轻，全株有毒。人工拔除。

69.苦蘵

学名：*Physalis angulata* L.

别名：灯笼泡、灯笼草

形态特征：草本，被疏短柔毛或近无毛，高30～50cm；茎多分枝，分枝纤细。叶片卵形至卵状椭圆形，顶端渐尖或急尖，基部阔楔形或楔形，边缘全缘或有不等大的锯齿，两面近无毛，长3～6cm，宽2～4cm。花冠淡黄色，喉部常有紫色斑纹，长4～6mm，直径6～8mm；花药蓝紫色或有时黄色，长约1.5mm。果萼卵球状，直径1.5～2.5cm，薄纸质，浆果直径约1.2cm。种子圆盘状。花果期5～12月。

产地与国内分布：乳源、连南、阳山、清远、翁源、和平、新丰、平远、惠东、博罗、广州、台山、高要、郁南、德庆、阳江、电白、阳春、海康等地。我国华东、华中、华南及西南有分布。

原产地及分布现状：可能原产热带美洲地区，现归化于亚洲和大洋洲泛热带和温带地区。

生境：生于菜地、田埂、路旁、荒地、杂草丛、海边草地。

用途：全草药用。

危害及防控管理：危害中度。人工拔除。

70.少花龙葵

学名：*Solanum americanum* Miller

形态特征：草本，茎无毛或近于无毛，高约1m。叶薄纸质，卵形至卵状长圆形，长4～8cm，宽2～4cm，先端渐尖，基部楔形下延至叶柄而成翅，边缘近全缘、波状或有不规则的粗齿，两面均具疏柔毛，有时下面近于无毛。花序近伞形，腋外生，纤细，具微柔毛，着生1～6朵花，花小，直径约7mm；萼绿色，直径约2mm，5裂达中部，裂片卵形；花冠白色，筒部隐于萼内，长不及1mm。浆果球状，直径约5mm，幼时绿色，成熟后黑色；种子近卵形，两侧压扁。花果期近全年。

产地与国内分布：乐昌、龙门、博罗、广州、深圳、罗定、阳春等地。分布于广西、海南、香港、云南南部、江西、湖南、台湾等地。

原产地及分布现状：原产北美洲和南美洲，现归化于亚洲、大洋洲、马达加斯加和非洲的泛热带地区。

生境：生于田野、菜地边、果园、路旁、荒地、林下阴湿处，是一种较常见的杂草。

用途：叶可供熟食，也可药用。

危害及防控管理：危害中度。人工拔除。

71.假烟叶树

学名：*Solanum erianthum* D. Don

别名：野烟叶

形态特征：小乔木或灌木，高1.5～10m；小枝密被白色具柄头状簇绒毛。叶大而厚，卵状长圆形，长10～29cm，宽4～12cm，先端短渐尖，基部阔楔形或圆钝，上面被具分枝的簇绒毛，下面灰绿色，毛被较厚，边缘全缘。聚伞花序多花，形成近顶生圆锥状平顶花序，总花梗长3～10cm，花梗长3～5mm，均密被毛。花白色，直径约1.5cm，萼钟形，直径约1cm，5半裂，萼齿卵形；花冠筒隐于萼内，长约2mm。浆果球状，具宿存萼，直径约1.2cm，黄褐色，初被星状簇绒毛，后渐脱落。种子扁平，直径约1～2mm。花果期近全年。

产地与国内分布：阳山、英德、翁源、龙门、惠阳、博罗、广州、高要、封开、云浮、新兴、阳春、阳江、高州、徐闻等地。分布于广西、香港、四川、贵州、云南、福建和台湾等地。

原产地及分布现状：原产北美洲南部至南美洲北部，现归化于亚洲热带地区、非洲和太平洋岛屿。

生境：生于田野、路旁、林下、湿地、废弃地。

用途：药用；观赏。

危害及防控管理：危害较轻，果实对人有毒。人工拔除。

72.水茄

学名：*Solanum torvum* Sw.

形态特征：大型灌木，高1～2.5m，多分枝；小枝疏具基部宽扁的淡黄色皮刺，皮刺基部疏被星状毛，尖端略弯曲。叶单生或双生，卵形至椭圆形，长6～16cm，宽4～12cm，先端尖，基部心脏形或楔形，两边不相等，边缘半裂或波状，裂片通常5～7，上面绿色，毛被薄，下面灰绿色，密被分枝多而具柄的星状毛；中脉在下面，少刺或无刺。伞房花序腋外生，2～3歧分枝，毛被厚，具1细直刺或无；花白色；萼杯状，长约4mm，外面被星状毛及腺毛，端5裂，裂片卵状长圆形；花冠辐形，直径约1.5cm，筒部隐于萼内。浆果黄色，光滑无毛，圆球形，直径约1～1.5cm。种子盘状。全年均开花结果。

产地与国内分布：清远、惠州、博罗、深圳、广州、东莞、高要、台山。分布于广西、海南、香港、云南、福建、台湾、西藏。

原产地及分布现状：原产热带美洲，现归化于亚洲、非洲、大洋洲地区。

生境：生于田野、村庄附近、荒地、路边灌草丛、林下、河岸等处。

用途：药用；嫩果煮熟可供蔬食。

危害及防控管理：危害严重，已被美国农业部和佛罗里达州列入有害杂草名单（王瑞江等，2017）。人工借助工具或机械铲除。

（二十七）旋花科Convolvulaceae

73.五爪金龙

学名：*Ipomoea cairica* (L.) Sweet

形态特征：缠绕草本，全体无毛；茎有细棱，有时有小疣状突起。叶掌状5深裂或全裂，裂片卵状披针形、卵形或长圆形，中裂片较大，长4～5cm，宽2～2.5cm，两侧裂片稍小，全缘或不规则微波状，基部1对裂片通常2裂。聚伞花序腋生，具1～3花，或偶有3朵以上；苞片及小苞片均小，鳞片状，早落；萼片稍不等长，外方2片较短，卵形，长5～6mm；花冠紫红色、紫色或淡红色、偶有白色，漏斗状，长5～7cm。蒴果近球形，直径约1cm，2室，4瓣裂。种子黑色，长约5mm。花果期近全年。

产地与国内分布：乐昌、乳源、珠三角地区、粤东、粤西。分布于海南、香港、澳门、广西、台湾、福建、云南。

原产地及分布现状：原产热带亚洲或非洲，现已广泛栽培或归化于全球热带地区。

生境：生长于菜地边、园圃、围墙、平地、山地路边灌丛向阳处。

用途：块根供药用；观赏。

危害及防控管理：危害严重，常缠绕在其他植物上，覆盖其林冠，使其无法得到足够的阳光而慢慢枯死。该物种为我国环境保护部和中国科学院2016年公布的自然生态系统第四批外来入侵植物。人工铲除；使用草甘膦除草剂防治（曾宪锋等，2018）。

74.圆叶牵牛

学名：*Ipomoea purpurea* Lam.

异名：*Pharbitis purpurea* (L.) Voigt

别名：紫花牵牛、打碗花、牵牛花、心叶牵牛

形态特征：草质缠绕草本，有水状乳汁，茎上被倒向的短柔毛杂，有倒向或开展的长硬毛。叶互生，圆心形或宽卵状心形，长4～18cm，宽3.5～16cm，顶端锐尖、骤尖或渐尖，通常全缘，偶有3裂，两面疏或密被刚伏毛。花腋生，单一或2～5朵着生于花序梗顶端成伞形聚伞花序，毛被与茎相同；苞片线形，长6～7mm，被开展的长硬毛；萼片长1.1～1.6cm，外面3片长椭圆形，渐尖；花冠漏斗状，长4～6cm，紫红色、红色或白色，花冠管通常白色，瓣中带内面色深，外面色淡。蒴果近球形，直径9～10mm，3瓣裂。种子卵状三棱形，长约5mm，黑褐色或米黄色。花期6～9月，果期9～10月。

产地与国内分布：乐昌、乳源、阳山、清远、翁源、连平、从化、南澳、博罗、深圳、广州、高要、台山、阳春。我国大部分地区有分布。

原产地及分布现状：原产热带美洲，广泛引植于世界各地，或已成为归化植物。

生境：生于田边、路边、宅旁篱笆周围、河谷或山谷林内。

用途：观赏。

危害及防控管理：中度，该物种为我国环境保护部2014年公布的第三批外来入侵植物。在幼苗期人工铲除，或在结果前灭除。

75.三裂叶薯

学名：*Ipomoea triloba* L.

别名：小花假番薯

形态特征：缠绕草本，茎有时平卧，无毛或散生毛。叶宽卵形至圆形，长2.5～7cm，宽2～6cm，全缘或有粗齿或深3裂，基部心形，两面无毛或散生疏柔毛。花序腋生，花序梗短于或长于叶柄，长2.5～5.5cm，较叶柄粗壮，无毛，有棱角，1朵花或少花至数朵花成伞形状聚伞花序；苞片小，披针状长圆形；萼片近相等或稍不等，长5～8mm；花冠漏斗状，长约1.5cm，无毛，淡红色或淡紫红色，冠檐裂片短而钝，有小短尖头。蒴果近球形，高5～6mm，被细刚毛。种子4或较少，长约3.5mm。花果期8～11月。

产地与国内分布：乳源、仁化、蕉岭、平远、揭阳、潮安、潮州、海丰、普宁、和平、广州、深圳、珠海、高要、湛江等地。分布于香港、台湾、安徽、浙江、陕西。

原产地及分布现状：原产热带美洲，现已成为热带地区的杂草。

生境：生于农田、灌丛、丘陵路旁、荒草地、林缘。

用途：观赏。

危害及防控管理：危害中度。已被美国佛罗里达州列为有害杂草（王瑞江等，2017）。人工拔除。

（二十八）玄参科Scrophulariaceae

76.野甘草

学名：*Scoparia dulcis* L.

形态特征：直立草本或为半灌木状，高可达1m，茎多分枝，枝有棱角及狭翅，无毛。叶对生或轮生，菱状卵形至菱状披针形，长25～35mm，枝上部叶较小而多，顶端钝，基部长渐狭，前半部有齿，有时近全缘，两面无毛。花单朵或更多成对生于叶腋，花梗细，长5～10mm，无毛；萼分生，具4齿，卵状矩圆形，长约2mm，花冠小，白色，直径约4mm，有极短的管。蒴果卵圆形至球形，直径2～3mm。

产地与国内分布：始兴、和平、河源、大埔、饶平、惠东、博罗、深圳、珠海、广州、高要、封开、云浮、郁南、罗定、新兴、阳春、茂名、廉江。分布于广西、香港、云南、福建、台湾。

原产地及分布现状：原产美洲热带，现广泛分布于全球热带。

生境：生于田野、荒地、路旁、山坡。

危害及防控管理：危害较轻。人工拔除。

（二十九）马鞭草科 Verbenaceae

77.马缨丹

学名：*Lantana camara* L.

别名：五色梅

形态特征：直立或蔓生灌木，高 1 ~ 2m，有时藤状；茎枝均呈四方形，有短柔毛，通常有短而倒钩状刺。单叶对生，揉烂后有强烈的气味，叶片卵形至卵状长圆形，长 3 ~ 8.5cm，宽 1.5 ~ 5cm，顶端急尖或渐尖，基部心形或楔形，边缘有钝齿，表面有粗糙的皱纹和短柔毛，背面有小刚毛。花序直径 1.5 ~ 2.5cm；花萼管状，膜质，长约 1.5mm，顶端有极短的齿；花冠黄色或橙黄色，开花后不久转为深红色。果圆球形，直径约 4mm，成熟时紫黑色。花果期近全年。

产地与国内分布：广东大部分地区。我国广西、海南、香港、澳门、台湾、福建有逸生。

原产地及分布现状：原产美洲热带地区，现世界热带地区均有分布。

生境：生于田野、菜地边、果园、灌草丛、海边沙滩和空旷地。

用途：药用；观赏。

危害及防控管理：危害严重，对家畜有毒。其茎上长有倒刺，排他性非常强烈，人类和动物不易接触，因此扩充快速。该物种为我国环境保护部 2010 年公布的第二批外来入侵植物。人工利用工具或机械铲除；用草坪宁进行化学防治（曾宪锋等，2018）。

78.假马鞭

学名：*Stachytarpheta jamaicensis* (L.) Vahl

形态特征：粗壮草本或亚灌木，高0.6～2m；幼枝近四方形，疏生短毛。叶片厚纸质，椭圆形至卵状椭圆形，长2.4～8cm，边缘有粗锯齿，两面均散生短毛。穗状花序顶生，长11～29cm；花单生于苞腋内，螺旋状着生；花萼管状，膜质、透明、无毛，长约6mm；花冠深蓝紫色，长0.7～1.2cm，内面上部有毛，顶端5裂，裂片平展。果内藏于膜质的花萼内，成熟后2瓣裂。花期8月，果期9～12月。

产地与国内分布：潮州、潮安、南澳、汕头、揭阳、广州、深圳、珠海、徐闻。分布于香港、海南、广西、福建、台湾、云南南部。

原产地及分布现状：原产中南美洲，现归化于世界泛热带地区。

生境：生于田边、路旁、荒地、灌草丛。

用途：观赏；药用。

危害及防控管理：危害较轻。人工拔除。

（三十）唇形科Labiatae

79.短柄吊球草

学名：*Hyptis brevipes* Poit.

形态特征：直立草本；茎四棱，高50～100cm，具槽，沿棱上被贴生的疏柔毛。叶对生，卵状长圆形或披针形，长5～7cm，宽1.5～2cm，上部的较小，先端渐尖，基部狭楔形，边缘锯齿状，两面均被具节的疏柔毛。花密集成头状花序，腋生，直径约1cm，具梗，总梗长0.5～1.6cm，密被贴生疏柔毛；苞片披针形或钻形，长4～6mm。花萼长2.5～3mm，宽约1.5mm，果时增大，但仍为近钟形，外面被短硬毛，萼齿5。花冠白色，长约3.5mm，外被微柔毛，冠筒基部宽约0.5mm，向上渐宽。小坚果卵珠形，长约1mm，宽不及0.5mm，腹面具棱。花期夏、秋季。

产地与国内分布：深圳、茂名、阳江。分布于海南、台湾。

原产地及分布现状：原产墨西哥，现成为泛热带杂草。

生境：生于稻田、果园、荒地、旷野、村旁、林缘、草地。

危害及防控管理：危害中度。人工除草，作有机肥料需腐熟后再用。

（三十一）雨久花科Pontederiaceae

80. 凤眼蓝

学名：*Eichhornia crassipes* (Mart.) Solms

别名：凤眼莲、水葫芦

形态特征：浮水草本，高30～60cm；须根发达，棕黑色；茎极短，具长匍匐枝，匍匐枝与母株分离后长成新植物。叶在基部丛生，莲座状排列，圆形，宽卵形或宽菱形，长4.5～14.5cm，宽5～14cm，全缘；叶柄长短不等，中部膨大成囊状或纺锤形。花葶从叶柄基部的鞘状苞片腋内伸出，长30～45cm，多棱；穗状花序长17～20cm，通常具9～12朵花；花被裂片6枚，花瓣状，卵形、长圆形或倒卵形，紫蓝色，花冠略两侧对称，直径4～6cm，三色，四周淡紫红色，中间蓝色，在蓝色的中央有1黄色圆斑。蒴果卵形。花期7～10月，果期8～11月。

产地与国内分布：仁化、翁源、潮州、惠阳、惠州、汕尾、汕头、广州、佛山、中山、珠海、云浮、肇庆、阳春、江门、湛江等地。广布于我国华南各省及长江、黄河流域。

原产地及分布现状：原产巴西，现归化于全球热带至温带地区。

生境：生于稻田、水塘、沟渠、河流中。

用途：全株可供药用，亦为家畜、家禽饲料；嫩叶及叶柄可作蔬菜；也可用于对污染水体的修复。

危害及防控管理：对农作、水利造成阻碍，危害严重，原作为家畜和家禽饲料引入，后弃养并野生。被IUCN列入世界100种恶性入侵物种名单(Lowe et al., 2000)；该物种为国家环境保护总局2003年公布的首批外来入侵植物；广州市于2013年将其列入重点治理防范物种。人工或机械打捞清除；利用地老虎、水葫芦象甲、水葫芦螟蛾和叶螨进行生物防治（曾宪锋等，2018）。

（三十二）天南星科 Araceae

81.大藻

学名：*Pistia stratiotes* L.

形态特征：水生飘浮草本，根多数，长而悬垂，须根羽状，密集。叶簇生成莲座状，叶片倒三角形、倒卵形、扇形，以至倒卵状长楔形，长1.3～10cm，宽1.5～6cm，先端截头状或浑圆，基部厚，二面被毛。佛焰苞白色，长约0.5～1.2cm，外被茸毛。花期5～11月。

产地与国内分布：清远、汕尾、潮州、广州、佛山、高要、江门、云浮、怀集等地。广西、香港、澳门、福建、台湾、云南各省（自治区）、热带地区有逸为野生。

原产地及分布现状：原产南美洲的巴西，现全球热带及亚热带地区广布。

生境：生于稻田、沟渠、湖边、溪边。

用途：可作为猪饲料、绿肥；观赏；药用；可净化水体。

危害及防控管理：危害严重。大藻覆盖水面阻塞河道水渠，影响农耕和水产养殖。该物种为我国环境保护部2010年公布的第二批外来入侵植物。人工或机械打捞清除。

（三十三）莎草科 Cyperaceae

82.断节莎

学名：*Cyperus odoratus* L.

形态特征：根状茎短，具较多硬的须根。秆粗壮，高30～120cm，三棱形，或多或少具纵槽，基部膨大呈块茎。叶短于秆，宽4～10mm，平张，叶鞘长，棕紫色。苞片6～8枚，展开，下面的苞片长于花序；长侧枝聚伞花序大，疏展，复出或多次复出，具7～12个第一次辐射枝，辐射枝最长达12cm，稍硬，扁三棱形，每个辐射枝具多个第二次辐射枝；穗状花序长圆状圆筒形，长2～3cm，宽1.5cm，具多数小穗。小坚果长圆形或倒卵状长圆形，三棱形，长约为鳞片的2/3，红色，后变成黑色。花果期8～10月，有时至翌年3月。

产地与国内分布：潮州、汕头、清远、广州。分布于浙江、台湾、山东。

原产地及分布现状：原产美洲，现分布于全世界热带地区。

生境：生于水田、低洼荒地。

危害及防控管理：危害中度。人工拔除。

83. 香附子

学名：*Cyperus rotundus* L.

形态特征：草本，匍匐根状茎长，具椭圆形块茎；秆细弱，高15～95cm，锐三棱形，平滑。叶短于秆，宽2～5mm，平张；鞘棕色，常裂成纤维状。叶状苞片2～3（～5）枚，常长于花序，或有时短于花序；长侧枝聚伞花序复出，具（2～）3～10个辐射枝；辐射枝最长达12cm；穗状花序轮廓为陀螺形，稍疏松，具3～10个小穗；小穗斜展开，线形；鳞片稍密，覆瓦状排列，膜质，卵形或长圆状卵形，中间绿色，两侧紫红色或红棕色。小坚果长圆状倒卵形，三棱形，具细点。花果期5～11月。

产地与国内分布：乐昌、阳山、英德、五华、大埔、梅州、河源、广州、茂名、江门、云浮、阳江、高州、湛江。分布于浙江、江西、安徽、云南、贵州、四川、福建、台湾、陕西、甘肃、山西、河南、河北、山东、江苏等地。

原产地及分布现状：原产非洲、南亚和欧洲，现广布于世界各地热带至温带地区。

生境：生长于田间、山坡荒地草丛中、水边潮湿处、海边沙地。

用途：块茎名为"香附子"，可供药用，也可作为香料使用。

危害及防控管理：危害中度。人工使用工具或机械清除；用苯达松等除草剂防治（曾宪锋等，2014）。

84.苏里南莎草

学名：*Cyperus surinamensis* Rottb.

别名：刺秆莎草

形态特征：草本，秆丛生，高35～80cm，三棱形，微糙，具倒刺。叶短于秆，宽5～8mm。总苞片3～8，水平至斜升。球形头状花序，一级辐射枝4～12，微糙，具倒刺，常具次级辐射枝，小穗状花序15～40，线形或线状长圆形，紧缩，颖10～50，披针形。小坚果有柄，长椭圆状。花果期5～9月。

产地与国内分布：梅州、揭阳、惠州、广州、江门、阳江、东莞、湛江。分布于海南、澳门、福建、台湾、江西。

原产地及分布现状：原产美洲，现归化于亚洲、大洋洲的泛热带地区。

生境：生于田间、沙地、水边、荒地、草地。

用途：可作为纤维植物。

危害及防控管理：危害中度。人工拔除。

85.单穗水蜈蚣

学名：*Kyllinga nemoralis* (J. R. Forst. et G. Forst.) Dandy ex Hutch. & Dalziel

异名：*Kyllinga monocephala* Rottb.

形态特征：草本，具匍匐根状茎，秆散生或疏丛生，高10～45cm，扁锐三棱状，基部不膨大。叶短于秆，宽2～4.5mm，柔软，边缘具疏锯齿，叶鞘短，褐色或紫褐色。苞片叶状，斜展；穗状花序生于秆顶端，圆卵形或球形，长5～9mm，密生极多数小穗；小穗近倒卵形或披针状长圆形，扁，长2.5～3.5mm，宽约1.5mm，具1花；鳞片舟状，先端具短尖，长2.5～3.5mm，膜质，苍白色或麦秆黄色，具锈色斑点，背面龙骨状突起具翅。小坚果倒卵形或长圆状倒卵形，扁平凸状，顶端具短尖，棕色。花果期5～11月。

产地与国内分布：广东大部分地区有分布。华南、云南、福建、四川、湖南、江苏有分布。

原产地及分布现状：原产非洲西部，现归化于亚洲、美洲的泛热带地区。

生境：生于田边、林下、沟边、旷野潮湿处。

用途：药用。

危害及防控管理：危害较轻。人工拔除。

（三十四）禾本科Gramineae

86.地毯草

学名：*Axonopus compressus* (Sw.) Beauv.

别名：大叶油草

形态特征：草本，具长匍匐枝；秆压扁，节密生灰白色柔毛。叶鞘松弛，压扁，呈脊，近鞘口处常疏生毛；叶舌长约0.5mm；叶片扁平，质地柔薄，长5～10cm，两面无毛或上面被柔毛，近基部边缘疏生纤毛。总状花序2～5枚，长4～8cm，最长两枚成对而生，呈指状排列在主轴上；小穗长圆状披针形，长2.2～2.5mm，单生；第一颖缺；第二颖与第一外稃等长或第二颖稍短；第一内稃缺；第二外稃革质，短于小穗。

产地与国内分布：潮安、汕头、海丰、广州、深圳、阳春、高要、茂名、湛江等地。分布于广西、海南、台湾、云南。

原产地及分布现状：原产热带美洲，世界各热带、亚热带地区有归化或栽培。

生境：生于田边、荒野、路边和草坪上。

用途：可铺建草坪，固土和护坡；优质牧草。

危害及防控管理：危害较轻。人工拔除。

87. 巴拉草

学名：*Brachiaria mutica* (Forsk.) Stapf

形态特征：草本，高 1.5 ～ 2.5m；秆粗壮，节上有毛。叶鞘长 11 ～ 14cm，无毛或鞘口有毛；叶舌长约 0.8mm；叶片扁平，长约 30cm，宽 1.5 ～ 2cm，两面光滑，基部或边缘多少有毛。圆锥花序长约 20cm，由 10 ～ 15 枚总状花序组成；小穗长约 3.2mm；第一颖长约 1mm，具 1 脉；第二颖等长于小穗，具 5 脉；第一小花雄性，其外稃长约 3mm，具 5 脉，有近等长的内稃。

产地与国内分布：梅州、丰顺、潮州、汕头、揭阳、南澳、广州、东莞、珠海、云浮。分布于海南、香港、澳门、福建、台湾。

原产地及分布现状：原产非洲北部、中部和中东部分地区，归化于亚洲、大洋洲和美洲。

生境：生于田间湿地、河边、海边滩涂。

用途：可用作牧草。

危害及防控管理：危害中度，原作牧草引入，后逸生，常沿河流水系扩散，应注意防控。人工或机械铲除；可用草甘膦除草剂防治（曾宪锋等，2014）。

88. 蒺藜草

学名：*Cenchrus echinatus* L.

形态特征：草本，须根较粗壮；秆高约50cm，基部膝曲或横卧地面而于节处生根，下部节间短且常具分枝。叶鞘松弛，压扁具脊，上部叶鞘背部具密细疣毛，近边缘处有密细纤毛；叶舌短小，具长约1mm的纤毛；叶片线形或狭长披针形，长5～30cm。总状花序直立，长4～8cm，宽约1cm；花序主轴具棱粗糙；刺苞呈稍扁圆球形，长5～7mm，宽与长近相等，刚毛在刺苞上轮状着生，小穗椭圆状披针形，顶端较长渐尖，含2小花；颖薄质或膜质。颖果椭圆状扁球形，长2～3mm，背腹压扁，种脐点状。花果期夏季。

产地与国内分布：惠州、汕尾、广州、中山、东莞、茂名、江门、湛江。分布于海南、台湾、福建、云南南部。

原产地及分布现状：原产美洲热带和亚热带地区，归化于亚洲和大洋洲泛热带地区。

生境：生于耕地、荒地、沙地和干旱的林下。

危害及防控管理：危害严重，为花生、甘薯等多种农田或果园的一种杂草，其刺苞可刺伤人和动物的皮肤，混在饲料中能刺伤动物的口和舌头。该物种为我国环境保护部2010年公布的第二批外来入侵植物。在结实前及时人工清除。

89.牛筋草

学名：*Eleusine indica* (L.) Gaertn.

形态特征：草本，根系极发达；秆丛生，基部倾斜，高10～90cm。叶鞘两侧压扁而具脊，松弛，无毛或疏生疣毛；叶舌长约1mm；叶片线形，长10～15cm。穗状花序2～7个指状着生于秆顶，长3～10cm，宽3～5mm；小穗长4～7mm，宽2～3mm，含3～6小花；颖披针形，具脊，脊粗糙；第一颖长1.5～2mm；第二颖长2～3mm。囊果卵形，长约1.5mm，基部下凹，具波状皱纹。花果期6～10月。

产地与国内分布：乐昌、乳源、始兴、连州、连南、翁源、梅州、汕头、惠阳、广州、高要、封开、郁南、罗定、云浮、阳江、阳春、高州、茂名、湛江等地。分布于我国南北各省（自治区）。

原产地及分布现状：原产非洲，归化于世界热带、温带地区。

生境：生于田间、菜地边、路边、荒地、橡胶林里。

用途：全株可作饲料，又为优良保土植物；药用。

危害及防控管理：危害严重。人工拔除。

90.红毛草

学名：*Melinis repens* (Willd.) Zizka

形态特征：草本，根茎粗壮；秆直立，常分枝，高可达1m，节具软毛。叶鞘松弛，下部散生疣毛；叶舌为长约1mm的柔毛组成；叶片线形，长可达20cm，宽2～5mm。圆锥花序开展，长10～15cm，分枝纤细，长达8cm；小穗柄纤细弯曲，顶端稍膨大，疏生长柔毛；小穗长约5mm，常被粉红色绢毛；第一颖小，长约为小穗的1/5，长圆形，具1脉，被短硬毛；第二颖和第一外稃被疣基长绢毛，顶端微裂，裂片间生1短芒。花果期6～11月。

产地与国内分布：梅州、平远、海丰、潮州、揭阳、汕头、汕尾、惠州、广州、深圳、珠海、博罗、阳江、湛江。分布于华南、台湾、福建。

原产地及分布现状：原产南非，现归化于泛热带地区。

生境：生于农田、庭园、旷野、海岸荒地等处。

用途：可作牧草。

危害及防控管理：危害中度。人工拔除。

91. 大黍

学名：*Panicum maximum* Jacq.

形态特征：簇生高大草本；根茎肥壮；秆直立，高1～3m，粗壮，光滑，节上密生柔毛。叶鞘疏生疣基毛；叶舌膜质，长约1.5mm，顶端被长睫毛；叶片宽线形，硬，长20～60cm，宽1～1.5cm，上面近基部被疣基硬毛，边缘粗糙，向下收狭呈耳状或圆形。圆锥花序大而开展，长20～35cm，分枝纤细，下部的轮生，腋内疏生柔毛；小穗长圆形，长约3mm，顶端尖，无毛；第一颖卵圆形，长约为小穗的1/3，具3脉，侧脉不甚明显，顶端尖；第二颖椭圆形，与小穗等长，具5脉，顶端喙尖。鳞被长约0.3mm，宽约0.38mm，具3～5脉，局部增厚，肉质，折叠。花果期8～10月。

产地与国内分布：潮州、陆丰、南澳、兴宁、广州、湛江等地。我国广东、台湾、福建等地有栽培作饲料，并逸为野生。

原产地及分布现状：原产非洲热带地区，现广布于全球热带和亚热带地区。

生境：生于田野、农田边、平地、草丛、路旁，为常见杂草。

用途：可用作饲料。

危害及防控管理：危害严重。人工拔除。

92.铺地黍

学名：*Panicum repens* L.

形态特征：草本，根茎粗壮发达；秆直立，坚挺，高50～100cm。叶鞘光滑，边缘被纤毛；叶舌长约0.5mm，顶端被睫毛；叶片质硬，线形，长5～25cm，宽2.5～5mm，干时常内卷，呈锥形，顶端渐尖，上表皮粗糙或被毛；叶舌极短，顶端具长纤毛。圆锥花序开展，长5～20cm，分枝斜上，粗糙，具棱槽；小穗长圆形，长约3mm，无毛，顶端尖；第一颖薄膜质，长约为小穗的1/4，基部包卷小穗，顶端截平或圆钝，脉常不明显；第二颖约与小穗近等长，顶端喙尖。鳞被长0.3mm，宽约0.25mm，脉不清晰。花果期6～11月。

产地与国内分布：始兴、仁化、连州、和平、陆丰、深圳、惠东、广州、台山、高要、怀集、郁南、阳春、云浮、吴川、高州、湛江等地。分布于我国东南各地。

原产地及分布现状：可能原产非洲热带和北部至地中海地区，现广布世界热带和亚热带地区。

生境：生于田野、果园、茶园、桑园、旱田、池塘边、荒地、海边、溪边。

用途：可作为牧草；固土护坡。

危害及防控管理：危害严重，繁殖力特强，根系发达，抢夺田间大量水分。人工清除；使用消禾除草剂防治（曾宪锋等，2014）。

93.两耳草

学名：*Paspalum conjugatum* P. J. Bergius

形态特征：草本，具长达1m的匍匐茎；秆直立部分高30～60cm。叶鞘具脊，无毛或上部边缘及鞘口具柔毛；叶舌极短，与叶片交接处具长约1mm的一圈纤毛；叶片披针状线形，长5～20cm，宽5～10mm，质薄，无毛或边缘具疣柔毛。总状花序2枚，纤细，长6～12cm，开展；穗轴宽约0.8mm，边缘有锯齿；小穗柄长约0.5mm；小穗卵形，长1.5～1.8mm，宽约1.2mm，顶端稍尖，复瓦状排列成两行。颖果长约1.2mm。花果期5～9月。

产地与国内分布：潮州、潮安、丰顺、揭阳、普宁、饶平、汕头、深圳、广州、高要。分布于海南、台湾、云南。

原产地及分布现状：原产南美洲热带地区，现全世界热带及温暖地区有分布。

生境：生于田野、果园、林缘、潮湿草地上。

用途：可作为牧草。

危害及防控管理：危害严重。人工拔除；喷洒草甘膦、农达除草剂化学防治（曾宪锋等，2014）。

94. 丝毛雀稗

学名：*Paspalum urvillei* Steud.

形态特征：草本，具短根状茎；秆丛生，高50～150cm。叶鞘密生糙毛，鞘口具长柔毛；叶舌长3～5mm；叶片长15～30cm，宽5～15mm，无毛或基部生毛。总状花序10～20枚，长8～15cm，组成长20～40cm的大型总状圆锥花序；小穗卵形，顶端尖，长2～3mm，稍带紫色，边缘密生丝状柔毛；第二颖与第一外稃等长、同型。花果期5～10月。

产地与国内分布：韶关、连平、平远、潮州、丰顺、广州。分布于香港、福建、台湾。

原产地及分布现状：原产南美洲热带地区，现归化于亚洲、大洋洲和北美洲泛热带地区。

生境：生于水田、村旁路边、荒地、湿地。

危害及防控管理：危害中度，是华南地区水田较具危害的杂草。人工清除。

95.牧地狼尾草

学名：*Pennisetum polystachion* (L.) Schultes

异名：*Pennisetum setosum* (Sw.) Richard

形态特征：草本，根茎短，秆丛生，高50 ～ 150cm。叶鞘疏松，有硬毛，边缘具纤毛，老后常宿存基部；叶舌为一圈长约1mm的纤毛；叶片线形，宽3 ～ 15mm，多少有毛。圆锥花序为紧圆柱状，长10 ～ 25cm，宽8 ～ 10mm，黄色至紫色，成熟时小穗丛常反曲；小穗卵状披针形，长3 ～ 4mm，多少被短毛；第一颖退化；第二颖与第一外稃略与小穗等长。

产地与国内分布：梅州、潮州、惠东、揭阳、饶平、汕头、汕尾、珠海、深圳、茂名、阳江、湛江。我国海南、香港、福建、台湾引种而归化。

原产地及分布现状：原产热带非洲，现归化于世界泛热带地区。

生境：生于田野、荒地、水边、山坡草地。

用途：可用作饲料。

危害及防控管理：危害较轻。人工拔除。

96. 象草

学名：*Pennisetum purpureum* Schum.

形态特征：大型草本，丛生，常具地下茎；秆直立，高2～4m，节上光滑或具毛，在花序基部密生柔毛。叶鞘光滑或具疣毛；叶舌短小，具长1.5～5mm纤毛；叶片线形，扁平，质较硬，长20～50cm，宽1～2cm或者更宽，上面疏生刺毛，下面无毛。圆锥花序长10～30cm，宽1～3cm；主轴密生刚毛或长柔毛，直立或稍弯曲；刚毛金黄色、淡褐色或紫色，长1～2cm；小穗通常单生或2～3簇生，披针形，长5～8mm；第一颖长约0.5mm或退化，先端钝或不等2裂；第二颖披针形，长约为小穗的1/3，先端锐尖或钝。花果期8月至翌年3月。

产地与国内分布：潮州、潮安、大埔、揭阳、汕头、广州、中山、珠海、深圳、茂名、阳江。分布于华南、江西、四川、云南等地。

原产地及分布现状：原产非洲，归化于亚洲、大洋洲及美洲热带至温带地区。

生境：生于田边、池塘、水库或河流周边，偶生于沙地。

用途：可作牧草，为优良饲料，或喂鱼；也用于制作纸浆。

危害及防控管理：危害中度。人工拔除，或充分加以利用。

97.莠狗尾草

学名：*Setaria geniculata* (Lam.) Beauv.

形态特征：丛生草本，具短节状根茎或根头；秆直立或基部膝曲，高30～90cm。叶鞘压扁具脊，近基部常具枯萎纤维的老叶鞘，边缘无纤毛；叶舌为一圈短纤毛；叶片质硬，常卷折呈线形，长5～30cm，无毛或上面近基部具长柔毛，先端渐尖，干时常卷折。圆锥花序稠密呈圆柱状，顶端稍狭，长2～7cm，主轴具短细毛；刚毛粗糙，8～12枚，长5～10mm，金黄色，褐锈色或淡紫色到紫色；小穗椭圆形，长2～2.5mm，先端尖；第一颖卵形，长为小穗的1/3，先端尖，具3脉；第二颖宽卵形，长约为小穗的1/2，具5脉，先端稍钝；鳞被楔形，顶端较平，具多数脉纹。花果期2～11月。

产地与国内分布：连平、大埔、惠东、深圳、广州、高要、新会、罗定、阳春、郁南、茂名、徐闻。分布于华南，以及福建、台湾、云南、江西、湖南等地。

原产地及分布现状：原产欧洲，现归化于世界热带和亚热带地区。

生境：生于旱田、山坡、旷野、湖边或路边。

用途：可作牲畜饲料；全草入药。

危害及防控管理：危害中度。人工拔除。

98.石茅

学名：*Sorghum halepense* (L.) Pers.

别名：假高粱、亚刺柏高粱、阿拉伯高粱

形态特征：草本，根茎发达，秆高50～150cm，不分枝或有时自基部分枝。叶鞘无毛，或基部节上微有柔毛；叶舌硬膜质，顶端近截平，无毛；叶片线形至线状披针形，长25～70cm，宽0.5～2.5cm，中部最宽，先端渐尖细，中部以下渐狭，两面无毛，边缘通常具微细小刺齿。圆锥花序长20～40cm，宽5～10cm，分枝细弱，斜升，1至数枚在主轴上轮生或一侧着生，基部腋间具灰白色柔毛；总状花序具2～5节，其下裸露部分长1～4cm，与小穗柄均具柔毛或近无毛；无柄小穗椭圆形或卵状椭圆形，长4～5mm，宽1.7～2.2mm，具柔毛，成熟后灰黄色或淡棕黄色；颖薄革质；有柄小穗雄性，较无柄小穗狭窄，颜色较深，质地亦较薄。花果期夏秋季。

产地与国内分布：连县、潮州、陆丰、广州、高要、珠海。分布于海南、香港、四川、台湾、云南、安徽。

原产地及分布现状：原产地中海沿岸，现广布于世界各大洲热带至温带地区。

生境：生于农田、山谷、河边、荒野或耕地。

用途：饲料；固土护坡。

危害及防控管理：危害中度。世界十大恶性杂草之一；该物种为国家环境保护总局2003年公布的首批外来入侵植物。人工拔除，配合中耕除草。

二、广东主要农业外来入侵动物

（一）腹足纲Gastropoda

1.福寿螺

学名：*Pomacea canaliculata*（Lamarck）

分类地位：中腹足目（Mesogastropoda）瓶螺科（Ampullariidae）

形态特征：贝壳较薄，卵圆形，淡绿橄榄色至黄褐色，光滑。壳顶尖，具5～6个增长迅速的螺层。螺旋部短圆锥形，体螺层占壳高的5/6。缝合线深。壳口阔且连续，高度占壳高的2/3；胼胝部薄，蓝灰色。脐孔大而深。厣角质，卵圆形，具同心圆的生长线。

生物学特征：喜栖于缓流河川及阴湿通气的沟渠、溪河及水田等处。底栖性，雌雄异体。食性杂。有蛰伏和冬眠习性。3月上旬开始交配，在近水的挺水植物茎上或岸壁上产卵，初产卵块呈鲜艳的橙红色，在空气中卵渐成浅粉色。一只雌性福寿螺通常1年产2 400～8 700个卵，孵化率可高达90%。

产地与国内分布：广东省内大部分地市。台湾、广西、云南、福建、浙江、湖南、四川、海南、江苏、安徽、河南等地。

原产地及分布现状：原产地为南美洲亚马逊河流域。现广泛分布于阿根廷、巴西、玻利维亚、巴拉圭、乌拉圭、苏里南等国家，并已扩散到美洲以外的世界各地。

传播途径：人为引入为主。

危害与防控管理：福寿螺食量极大，并可啃食很粗糙的植物，还能刮食藻类，其排泄物能污染水体，其对水稻生产危害严重。除威胁入侵地的水生贝类、水生植物和破坏食物链构成外，福寿螺也是卷棘口吸虫、广州管圆线虫的中间宿主。该物种为国家环境保护总局2003年公布的首批外来入侵动物。

重点抓好越冬成螺和第1代成螺产卵盛期前的防治，压低第2代的发生量，并及时抓好第2代的防治。以整治和破坏其越冬场所，减少冬后残螺量，以及人工捕螺摘卵、养鸭食螺为主，辅之药物防治（国家环境保护总局，2003）。

2.非洲大蜗牛

学名：*Achatina fulica* (Bowdich)

别名：褐云玛瑙螺、东风螺、菜螺、花螺、法国螺

分类地位：柄眼目（Stylommatophora）玛瑙螺科（Achatinidae）

形态特征：贝壳长卵圆形，深黄色或黄色，具褐色白色相杂的条纹；脐孔被轴唇封闭，壳口长扇形；壳内浅蓝色螺层数为6.5～8；软体部分深褐色或牙黄色，贝壳高10cm左右。足部肌肉发达，背面呈暗棕色，黏液无色。

生物学特征：喜栖息于植被丰富的阴暗潮湿环境及腐殖质多的地方。6～9月最活跃，晨昏或夜间活动。食性杂而量大，幼螺多为腐食性。雌雄同体，异体交配，生长迅速，5个月即可交配产卵。繁殖力强，一次产卵数达100～400枚。寿命长，可达5～7年。抗逆性强，遇到不良环境时，很快进入休眠状态，在这种状态下可生存几年。

产地与国内分布：广东省内大部分地市。香港、海南、广西、云南、福建、台湾等地。

原产地及分布现状：原产地为非洲东部沿岸坦桑尼亚的桑给巴尔、奔巴岛，马达加斯加岛一带。现已扩散至南亚、东南亚、日本、美国等地。

传播途径：人为引入为主。

危害与防控管理：已经成为危害农作物、蔬菜和生态系统的有害生物，可咬断各种农作物幼芽、嫩枝、嫩叶、树茎表皮，也是人畜寄生虫和病原菌的中间宿主。除人为主动引入外，其卵和幼体可随观赏植物、木材、车辆、包装箱等传播，卵期可混入土壤中传播。该物种为国家环境保护总局2003年公布的首批外来入侵动物。

养殖场必须建立隔离制度；养殖结束后必须进行彻底的灭螺处理。除化学防治外，应使用各种方法对其灭杀（国家环境保护总局，2003）。

（二）甲壳纲Crustacea

3.克氏原螯虾

学名：*Procambarus clarkii* Girard

别名：小龙虾、淡水小龙虾、红色螯虾

分类地位：十足目（Decapoda）螯虾科（Cambaridae）

形态特征：外壳红色而坚硬，头部具额剑，有1对复眼，2对触角；5对胸足，第1对大螯状，6对腹足，1对尾节。雄性前2对腹肢变为管状交接器，雌性第1对腹肢退化。

生物学特征：抗逆性强，能耐受－15℃至40℃的气温；水体缺氧时，可上岸或借助漂浮物侧卧于水面呼吸空气，潮湿环境中可离水存活1周，也能在污水中生活。喜占洞穴居，领域行为强，具侵略性。半年可达性成熟，全年皆可繁殖，具有护幼习性，幼体蜕皮3次后才离开母虾。

产地与国内分布：广东省内大部分地市。广泛分布于我国20多个省市。

原产地及分布现状：原产北美洲。现已广泛分布于除南极洲以外的世界各地。

传播途径：人为引入为主。

危害与防控管理：克氏原螯虾可通过抢夺生存资源，捕食本地动植物，携带和传播致病源等方式危害土著物种。另外它喜爱掘洞筑巢的习性对泥质堤坝具有一定的破坏性，轻则导致灌溉用水流失，重则引发决堤洪涝等险情。该物种为我国环境保护部2010年公布的第二批外来入侵动物。

通过投放野杂鱼捕食克氏原螯虾幼苗以控制其种群规模。在尚未引种的地区，应开展其环境风险评估和早期预警，对已广泛分布地区，加强养殖管理（环境保护部，2010）。

（三）昆虫纲Insecta

4.埃及吹绵蚧

学名：*Icerya aegyptiaca*（Douglas）

分类地位：半翅目（Hemiptera）绵蚧科（Monophlebidae）

形态特征：卵长椭圆形，长不超过1.0mm，宽不超过0.5mm，密集于卵囊内初产时橙黄色，后变橘红色，体扁平，表面附有白色蜡粉及蜡丝。初孵若虫呈卵圆形，橘黄色或淡黄色，初孵时体外无蜡粉，后逐渐被覆白色蜡粉。2龄后雌雄异型，雌若虫淡橘红色，长椭圆形，背面稍隆起，散生黑色小毛，全体薄被黄白色蜡粉及蜡丝，周身形成20条放射状蜡突；雄若虫体狭长，体上蜡质物甚少，仅微具薄粉。

雌成虫椭圆形，橘红色或黄红色，长约6mm，宽约4mm。体表面生有黑色短细毛，背面被有白色蜡粉并稍微向上隆起，腹面平坦。复眼发达，黑褐色。触角11节，黑褐色，位于虫体腹面头前端两侧。足3对，较强劲，黑色，胫节稍有弯曲。腹气门2对，腹裂3个。腹部背面有2个蜡突，周身有10对放射状的白色蜡丝。腹尾部附有白色絮状物构成的卵囊。雄成虫体小而细长，橘红色，长约3.8mm；有长而狭的黑色前翅1对，后翅退化为平衡棒，飞翔能力较弱。口器退化。腹部8节，末节生有2个肉质突出物，其上各长毛3根。触角黑色，10节，各节轮生。交配器短小（刘根龙，2007）。

生物学特征：埃及吹绵蚧若虫孵化后便可爬行，1龄若虫聚集危害；2龄开始分散危害，多定居于新叶叶背主脉两侧，吸食叶片汁液；3龄若虫具有很强的爬行能力，多数不再聚集一起而是向四周的叶片、枝条、树干甚至其他寄主转移，是埃及吹绵蚧扩散危害的主要虫态。雌虫成熟后固定取食并不再移动，随后形成卵囊并在其中产卵。产卵期较长，约为23～30d左右，每一雌虫产卵数百至上千粒不等，雌虫寿命约为60d左右（刘东明等，2003；李元文等，2005）。

产地与国内分布：广东省内大部分地市。澳门、香港、台湾、福建、江苏、江西、湖南、海南、广西、浙江、云南等地。

原产地及分布现状：原产埃及。现在热带和亚热带地区广泛分布（徐海根和强胜，2018）。

传播途径：成虫和若虫可在树枝上爬行，尤其是3龄若虫爬行能力最强，常向外爬行扩散危害。该虫还可以随风做短距离的飘浮扩散，一般落在何种植物上面就以该植物为寄主危害。主要通过苗木花卉等的调运进行远距离传播。

危害与防控管理：寄主植物多达59个科113个属，特别喜食木兰科植物，此外还取食柑橘、菠萝蜜、番荔枝、番石榴等果树。主要以雌成虫和若虫危害植物的叶芽、嫩枝及枝条，成群聚集在叶背面或嫩枝上吸食植物汁液，使受害树木叶色发黄，枝梢枯萎，引起落叶落果，树势衰弱，甚至枝条或全株枯死。埃及吹绵蚧还排泄蜜露，诱发煤污病，使叶片表面盖上一层煤烟状黑色物，影响光合作用。

加强植物的肥水养护管理，以增强植株抗虫能力。同时，结合修剪将带有害虫的枝条集中烧毁。保护和利用草蛉等捕食性天敌，充分发挥天敌的自然控害作用。可选择用石硫合剂、机油乳剂等喷雾杀虫，效果较好（李元文等，2005）。

5.无花果蜡蚧

学名：*Ceroplastes rusci* (Linnaeus)

别名：榕龟蜡蚧、拟叶红蜡蚧、锈红蜡蚧、蔷薇蜡蚧

分类地位：半翅目（Hemiptera）蚧科（Coccidae）

形态特征：1、2龄蜡壳长椭圆形，白色，背中有1长椭圆形蜡帽，帽顶有1横沟，体缘有约15个放射状排列的干蜡芒。雌成虫蜡壳白色到淡粉色，稍硬化，周缘蜡层较厚。蜡壳分为9块，背顶1块，其中央有1红褐色小凹，1、2龄干蜡帽位于凹内，侧缘的蜡壳分为8块，近方形，每一侧有3块，前后各有1块；初期每小块蜡壳之间由红色的凹痕分隔开来，每小块中央有内凹的蜡眼，内含白蜡堆积物。后期蜡壳颜色变暗，呈褐色，背顶的蜡壳明显凸起，侧缘小蜡壳变小，分隔小蜡壳的凹痕变得模糊。整壳长1.5～5.0mm，宽1.5～4.0mm，高1.5～3.5mm。

雌成虫前期虫体表皮膜质，略隆起，后期虫体表皮稍硬化，体背部隆起呈半球形。体长2.0～3.5mm，宽1.5～2.5mm，淡褐色。触角6节，第3节有亚分节线。眼在头端两侧凸成半球形。足3对，分节正常，胫跗关节硬化，爪下有1小齿，爪冠毛2根，同粗，端部膨大为匙形，跗冠毛2根细长，同形。背面：有8个无腺区，头区1个，背侧各3个，背中区1个。背刺锥状，端钝，均匀分布。背腺多为提篮形二孔腺，也有少量三孔腺，孔腺内有细管，管的末端多叉分支。此外，还有微管腺散布，侧缘数量较多。尾裂浅，肛突短锥形，向体后倾斜。肛板圆滑，没有明显的角，上有背毛3根和长端毛1根。肛板周围的硬化区内有5～13个圆形孔横向排成1或2行。肛筒稍长于肛板。体缘：两眼点间长缘毛6～15根，眼点到前气门刺间每侧有2～4根，两群气门刺间每侧1～8根，后气门刺到体末有10～15根，其中3根尾毛较长。气门注浅，气门刺钝圆锥形，大小不一，背面者最大，集成2列（很少有3列），靠背面一列4～5根，靠腹面一列20～23根。腹面：膜质，椭圆形十字腺散布腹面，多数集中在亚缘区。五格腺在气门与体缘间形成约与围气门片同宽的带状气门腺路，每个气门路有33～95个，多格腺在阴门附近及其前腹节成宽带状，第3～5腹节中区有少量分布。杯状管具有细长的端丝，在头区腹面约1～12个，阴门侧1～2个或无。亚缘毛数量为缘毛2倍多，沿缘毛成1列（李海斌和武三安，2013）。

生物学特征：无花果蜡蚧的年发生代数因地区而异，约每年1～4代。该虫发生的最适温度为25～30℃，最适湿度为75%～80%。在一些地区，该虫常和其他蜡蚧混合发生。

产地与国内分布：广东省内主要分布在茂名、佛山等地。四川。

原产地及分布现状：原产于非洲。最早发现于地中海沿岸地区，现已扩展和传播至东洋区、非洲区、新热带区和古北区等动物区系，其中，在热带、亚热带和温带分布较广泛。

传播途径：随寄主植物调运远距离传播。

危害与防控管理：无花果蜡蚧寄主多样，适生区广泛，是许多园林植物和经济果园

的重要害虫。该虫除吸食寄主汁液，对植物的枝干、嫩梢、叶片和果实造成直接危害外，还分泌大量的蜜露，诱发煤污病，从而降低寄主植物的生命力，影响园林绿化植物的观赏价值，造成经济果林减产。

　　加强对疫区的检疫封锁，限制从疫区引进植物体。生物防治可采用蜡蚧长盾金小蜂寄生无花果蜡蚧的卵，也可用紫胶猎夜蛾来防治无花果蜡蚧（环境保护部和中国科学院，2016）。

6.扶桑绵粉蚧

学名：*Phenacoccus solenopsis* Tinsley

异名：*Phenacoccus cevalliae* Cockerell, *Phenacoccus gossypiphilous* Abbas

分类地位：半翅目（Hemiptera）粉蚧科（Pseudococcidae）

形态特征：卵长椭圆形，两端钝圆，长约0.3mm，宽约0.2mm。卵壳表面光滑有光泽，淡黄或乳白色。1龄若虫长椭圆形，头部钝圆，腹末稍尖，体长约0.6mm，宽约0.3mm。初孵时体表光滑，淡黄色；复眼突出呈暗红色；足发达，红棕色。之后体表逐渐覆盖一层薄蜡粉，呈乳白色，但体节分区明显。2龄若虫长椭圆形，体缘出现明显齿状突起，体长约0.9mm，宽约0.4mm。初蜕皮时呈淡黄色，肉眼可见在中胸背面亚中区有2个黑色点状斑纹，腹部背面有2条黑色条状斑纹。3龄若虫只有雌虫，初蜕皮若虫呈椭圆形，淡黄色，体缘突起明显，尾瓣突出，体长约1.6mm，体宽约0.8mm。前、中胸背面亚中区和腹部1～4节背面清晰可见2条黑斑，胸背2条斑较短，几乎呈点状。体表被蜡较厚，黑斑颜色加深，体缘出现短粗蜡突18对，其中腹部末端2对蜡突明显较长。末期3龄若虫虫体明显增大，外表和雌成虫相似（万方浩等，2015）。

雌成虫卵圆形，体长2.5～2.9mm，宽1.60～1.95mm，浅黄色，扁平，表皮柔软，体背被有白色薄蜡粉；足红色，通常发达，可以爬行；腹脐黑色，腹部可见3对黑色斑点；体缘有蜡突，均短粗，腹部末端4～5对较长。触角9节，基节粗，其他节较细；单眼发达，突出，位于触角后体缘。常有螺旋形三格腺，五格腺缺。雄成虫体微小，长1.4～1.5mm，触角10节，长约为体长的2/3；足细长，发达，腹部末端具有2对白色长蜡丝；前翅正常发达，平衡顶端有1根钩状毛，交配器呈锥状突出。

生物学特征：扶桑绵粉蚧具有雌雄二型现象，繁殖能力强，年发生世代多且重叠，常温下世代长25～30 d。卵历期为3～9 d；若虫历期22～25 d，1龄若虫历期约6 d，行动活泼，从卵囊爬出后短时间内即可取食危害；2龄若虫约8 d，大多聚集在寄主植物的茎、花蕾和叶腋处取食；3龄若虫约10 d，虫体明显披覆白色绵状物，该龄期的第7 d开始蜕皮，并固定于所取食部位。成虫整个虫体披覆白色蜡粉，群居于植物茎部，有时发现群居于寄主叶背。在冷凉地区以卵或其他虫态在植物上或土壤中越冬。气候条件适宜可终年活动和繁殖。

产地与国内分布：广东省内大部分地市。台湾、浙江、福建、江西、湖南、广西、海南、四川、云南等地。

原产地及分布现状：原产北美洲。现分布于墨西哥、美国、古巴、牙买加、危地马拉、多米尼加、厄瓜多尔、巴拿马、巴西、智利、阿根廷、尼日利亚、贝宁、喀麦隆、新喀里多尼亚、巴基斯坦、印度、泰国等地。

传播途径：主要随寄主植物或其栽培介质等长距离运输而扩散传播，也可随风、水、动物、栽培介质、器械等携带而作短距离扩散。该物种为我国环境保护部和中国科学院2014年公布的第三批外来入侵动物。

危害与防控管理：扶桑绵粉蚧以雌成虫和若虫吸食植物汁液危害，主要危害扶桑、棉花等植物的幼嫩部位。受害植株长势衰弱，生长缓慢或停止，呈失水干枯状，造成植株的花蕾、花、幼铃脱落；可造成茎叶甚至整个植株扭曲变形，严重时可导致植株死亡。扶桑绵粉蚧分泌的蜜露还可以诱发煤污病，影响光合作用，最终会导致叶片大量脱落。

　　扶桑绵粉蚧发生区，对调运扶桑、木槿、小叶榕、桑树、棉花、向日葵等植物及可能传带扶桑绵粉蚧的植物产品、包装物品实行严格检疫。在未发生扶桑绵粉蚧的适生区，严禁带有该虫的寄主植物及其产品调入，防止疫情人为扩散（环境保护部和中国科学院，2014）。

7.新菠萝灰粉蚧

学名：*Dysmicoccus neobrevipes* Beardsley

分类地位：半翅目（Hemiptera）粉蚧科（Pseudococcidae）

形态特征：若虫触角及足发达、活泼；1龄体长约0.8 mm，体色为淡黄色，背部无白色蜡粉；2龄体长为1.1～1.3 mm，黄褐色变淡灰色，可产生白色蜡粉；3龄体长约2.0mm，虫体被自身所分泌的蜡质物均匀覆盖。

雌虫虫体卵圆形，体长2.0～3.0 mm，宽1.8～2.0 mm，粉红色，被白色蜡粉，虫体周缘有白色长蜡丝；触角8或7节，少数6节，细索状；尾瓣腹面硬化区呈长方形。雄虫虫体比较细长，体色为褐色；触角丝状，9节，每节生有长短不一的细毛；头部具有3个单眼，红棕色；在其胸部的中部有1对翅，并具有金属光泽，具有两条明显的翅脉，翅脉处的金属光泽为银白色，其他部位为金黄色；尾部有2根特别长的蜡丝，接近尾部处为灰褐色，其他部位为白色（蒋明星等，2019）。

生物学特征：虫卵在雌体中孵化，出生时即是若虫；有时也可以产卵，卵经0.5 h甚至1 d后成为若虫。若虫有聚集危害现象，在母体周围聚集。若虫期平均约为21 d。每头雌成虫一生约产450头若虫，多的可达1 000头。世代重叠，27～34 d为一世代，平均每个世代为29d（林晓佳等，2013）。

产地与国内分布：广东省内主要分布在湛江市。台湾、海南。

原产地及分布现状：原产于中美洲。现主要分布在热带地区，亚热带地区也有分布，如夏威夷、斐济、牙买加、马来群岛、墨西哥、密克罗尼西亚、菲律宾等地。

传播途径：远距离传播主要是靠带虫的种苗传播；近距离传播主要是自身迁移和蚂蚁、风、雨传播，蚂蚁喜好吸食其分泌物（蜜露），在吸食过程中进行搬迁。

危害与防控管理：新菠萝灰粉蚧寄主广泛，主要危害剑麻、菠萝、橙、番荔枝、南瓜、番茄、可可和香蕉等多种农林经济作物，是热带和亚热带农林经济作物的重要害虫。成、若虫整年在田间危害，先是在叶基危害，然后蔓延至叶片顶部及叶轴和潜入半张开的心叶缝隙危害，吸食剑麻汁液，并引起煤烟病和紫色卷叶病等病害发生。当植株煤烟病严重和出现紫色卷叶病时，该虫便大部分或全部转移到其他植株上（黄标等，2015）。

采用40%毒死蜱·噻嗪酮800倍液、50%氟啶虫胺腈4 300倍液、48%噻虫胺悬浮剂2 500倍液、22.4%亩旺特3 500倍液+40%毒死蜱1 000倍液等药剂喷杀，同时5%毒死蜱颗粒剂75kg/hm² 撒施植株心部对该虫有特效；草蛉、瓢虫等天敌对该虫也有一定防效；控氮增钾对提高剑麻抗性有一定作用；推广抗性苗效果最佳（黄标等，2015）。

8.烟粉虱

学名：*Bemisia tabaci* (Gennadius)

分类地位：半翅目（Hemiptera）粉虱科（Aleyrodidae）

形态特征：卵长梨形，有小柄，与叶面垂直，大多散产于叶片背面。初产时淡黄绿色，孵化前颜色加深，呈深褐色。若虫共3龄，淡绿色至黄色。1龄若虫有触角和足，能爬行迁移。第1次蜕皮后，触角及足退化，固定在植株上取食。3龄蜕皮后形成蛹，蜕下的皮硬化成蛹壳。蛹壳淡绿色或黄色，边缘薄或自然下垂，无周缘蜡丝，瓶形孔长三角形，舌状突长匙状，顶部三角形，具有1对刚毛，尾沟基部有5～7个瘤状突起。

成虫体淡黄白色。雄虫翅2对，翅白色，被蜡粉无斑点，前翅脉1条不分叉，静止时左右翅合拢呈屋脊状（万方浩等，2015）。

生物学特征：烟粉虱属渐变态昆虫，其个体发育分卵、若虫、成虫3个阶段。若虫3龄，通常将第3龄若虫蜕皮后形成的蛹，称伪蛹或拟蛹，蜕下的皮硬化成蛹壳。在热带和亚热带地区1年可以发生11～15代，且世代重叠。在不同寄主植物上的发育时间各不相同，在25℃条件下，从卵发育到成虫需要18～30 d不等。成虫的寿命为10～22d，每头雌虫可产卵30～300粒，在适合的植物上平均产卵200粒以上（吴秋芳和花蕾，2006）。

产地与国内分布：广东省内大部分地市。广西、海南、福建、云南、上海、浙江、江西、湖北、四川、陕西、北京、台湾、新疆、河北、天津、山东、山西、安徽、贵州等地。

原产地及分布现状：原产印度半岛。现已广泛分布于亚洲、欧洲、非洲、中北美、南美等90多个国家和地区。

传播途径：借助风力近距离传播，通过花卉、经济作物等的苗木运输远距离扩散。

危害与防控管理：烟粉虱对作物的危害主要体现在以下3个方面：（1）直接刺吸植物汁液，造成植物干枯、萎蔫，严重时直接枯死；（2）若虫和成虫分泌蜜露，诱发煤污病和霉菌寄生，影响植物的光合作用和外观品质；（3）传播植物病毒，诱发植物病毒病（杨益芬等，2020）。

对烟粉虱的防治应采用综合治理的方针，除科学合理地施用化学农药进行化学防治外，应注重农业防治、物理防治和生物防治措施的综合运用。

9.椰心叶甲

学　名：*Brontispa longissima* (Gestro)

分类地位：鞘翅目（Coleoptera）铁甲科（Hispidae）

形态特征：卵长椭圆形，长约1.5mm，宽约1.0mm，卵壳表面有细网纹，网纹呈多棱形，褐色。幼虫3～7龄，随地区不同而异，常见5龄。各龄幼虫可根据头壳宽、体长明显区分开。体色有白色、乳白色、淡黄色、黄色。头部每边有6只单眼，分2排。腹部每节两侧各有一个刺突，每个刺突上长有3根刺毛，腹部1～7节，每节各有一对气门，位于每一腹节刺突右前上方。

成虫体狭长扁平，具光泽，长6～10mm，宽1.9～2.1mm。头部红黑色，头顶背面平伸出近方形板块，两侧略平行，宽稍大于长；触角粗线状，1～6节红黑色，7～11节黑色。胸部棕红色；鞘翅狭长黑色，有时鞘翅基部1/4红褐色；鞘翅两侧基部平行，后渐宽，中后部最宽，往端部收窄，末端稍平截，鞘翅中前部具8列刻点，中后部10列，刻点整齐。足棕红色至棕褐色，粗短，跗节第4、第5节完全愈合（万方浩等，2015）。

生物学特征：在海南1年可发生3～5代，世代重叠，成虫平均寿命156d，雌成虫产卵期较长，可达5～6个月，每头雌虫平均产卵119粒。成虫惧光，成、幼虫常聚集取食。

产地与国内分布：广东省内大部分地市。台湾、香港、海南、云南、广西、福建等地。

原产地及分布现状：原产于印度尼西亚和巴布亚新几内亚。国外主要分布于越南、缅甸、泰国、印度尼西亚、马来西亚、新加坡等国家和地区。

传播途径：该虫远距离扩散传播主要靠苗木调运，各虫态均可随苗木或其他载体进行远距离传播。成虫也可靠飞行逐渐扩散，但飞行能力较弱，雌成虫单次可飞行200m左右，雄虫单次可飞行约100m。

危害与防控管理：椰心叶甲以成虫和幼虫群栖潜藏于未展开的心叶内或心叶间危害，纵向取食叶肉组织，形成与叶脉平行的狭长褐色条纹，待心叶展开后呈大型褐色坏死条斑，有的叶片皱缩、卷曲，有的破碎枯萎或仅存叶脉，形成特别的"灼伤"症状。被害叶表面常有破裂虫道和虫体排泄物，严重破坏叶片的表皮组织，使其无法输送养分和水分。成年树受害后常出现褐色树冠，严重时，整株死亡。幼树和不健康的树易受侵害。虫害削弱树势，使之不耐干旱，易感病害，易遭受台风危害。在我国，椰心叶甲发生严重时，棕榈科植物的受害率可达60%以上，受害最严重的为椰子，受害率可达80%以上。该物种为我国环境保护部2010年公布的第二批外来入侵动物。

对调运的棕榈科植物进行严格的检疫，不予审批疫区寄主植物，限量审批疫区非寄主棕榈科植物，可有效防止椰心叶甲的扩散蔓延。化学防治常用的杀虫剂有啶虫脒、吡虫啉、高效氯氰菊酯、丁硫克百威、阿维菌素、丙溴磷和喹硫磷等，主要采用挂药包法、喷雾、淋灌、注射、埋药等方法防治。释放天敌椰心叶甲啮小蜂和椰甲截脉姬小蜂进行生物防治是目前采用的最经济、有效、持久和环境友好的方式（环境保护部，2010；万方浩等，2015）。

10.稻水象甲

学名：*Lissorhoptrus oryzophilus* Kuschel

别名：稻水象

分类地位：鞘翅目（Coleoptera）象甲科（Curculionidae）

形态特征：卵圆柱形，有时略弯，两端圆，长约0.8mm，初产时为珍珠白色。幼虫共4龄，老熟幼虫体长10mm左右，白色，头部褐色，无足，腹部背面有几对呼吸管，气门位于管中。老熟幼虫在寄主根系上作茧，卵形，土灰色，长径4～5mm，短径3～4mm；在茧中化蛹，蛹白色。

成虫体长2.5～3.8mm，头部延长呈象鼻状，体壁褐色，密被相互连接的灰色鳞片，前胸背板和鞘翅的中区无鳞片，呈黑褐色或暗褐色斑。喙和前胸背板约等长，近扁圆筒形，略弯曲。触角膝状，柄节棒形，触角棒倒卵形或长椭圆形，3节。前胸背板宽略大于长，前端略收缩，小盾片不明显。鞘翅明显具肩。腿节棒形，无齿；胫节细长弯曲，中足胫节两侧各有一排长的游泳毛（万方浩等，2015）。

生物学特征：卵产在浸水的叶鞘内，幼虫孵化后不久就转移到稻根取食。在稻根上结茧化蛹，成虫羽化后大部分飞离稻田（少数留在田埂上）越夏并接着越冬。成虫有趋光性，假死性。在我国双季稻区一年发生2代，但主要以第一代产生危害。成虫主要在田边坡地、田埂上、沟渠边等场所的土表、土缝中越冬，越冬场所一般有茅草等禾本科植物。越冬成虫第二年春末夏初先取食幼嫩寄主植物，等秧田揭膜或稻秧移栽后再迁移到稻苗上取食（环境保护部，2010）。

产地与国内分布：广东省内主要分布在梅州市。河北、天津、辽宁、山东、吉林、浙江、福建、北京、安徽、湖南、山西、陕西、云南等地。

原产地及分布现状：原产美国。现已扩散至加拿大、墨西哥、古巴、多米尼加、哥伦比亚、圭亚那、意大利、日本、韩国等地。

传播途径：主动迁飞和随水流漂移，还可以随稻秧、稻谷、稻草及其制品、其他寄主植物和交通工具等远距离传播。

危害与防控管理：主要危害水稻。成虫沿稻叶叶脉啃食叶肉，留下长短不等的白色长条斑。幼虫咬食稻根，造成断根，使稻株生长矮小，分蘖数减少，稻谷千粒重下降，从而影响产量。该物种为我国环境保护部2010年公布的第二批外来入侵动物。

加强检疫，禁止从疫区调运秧苗、稻草、稻谷和其他寄主植物，禁止将疫区的稻草或其他寄主植物用于填充材料。可通过调整水稻移栽期、合理排灌水来避害，或者通过物理诱捕来杀灭成虫，防治成虫的可选药剂有吡虫啉可湿性粉剂、三唑磷乳油或水胺硫磷乳油，乐斯本乳油或来福灵乳油，防治幼虫的药剂有甲基异柳磷颗粒剂或克百威颗粒剂（万方浩等，2015）。

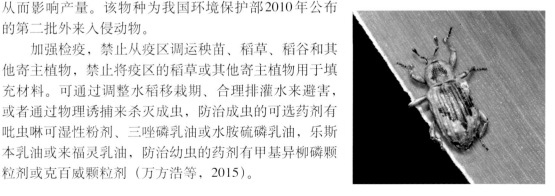

11.褐纹甘蔗象

学名：*Rhabdoscelus similis* Chevrolat

异名：*Rhabdoscelus lineaticollis* (Heller)

分类地位：鞘翅目（Coleoptera）象甲科（Curculionidae）

形态特征：幼虫体长15～20mm，无足，略呈纺锤形，腹部中央突出；头部呈红棕色，椭圆形，上颚红棕色；前胸背板呈淡黄褐色；胴部为乳白色。蛹长约13mm，宽约6mm，体色呈土黄色略带白色，具赭红色瘤突；腿节末端外部有突刺，较体色略暗。

成虫体长约15mm，宽约5mm，身体赭红色，具黑褐色和黄褐色纵纹。触角索节6节；棒不扁平，端部1/3密布细绒毛。前胸背板基部略呈圆形，背面略平，具1条明显的黑色中央纵纹，该纵纹在基部1/2扩宽，中间具有一明显的黄褐色纵纹。小盾片黑色，长舌状。鞘翅赭红色，行间2、3基部1/3，4、6近基部，2～6的端部1/3处以及行间8、9的端部1/2和10的基部1/2均具明显黑褐色纵纹。臀板外露，具明显深刻点，端部中间刚毛组成脊状。足细长，跗节4退化，隐藏于跗节3中，跗节3二叶状，显著宽于其他各节（张润志等，2002）。

生物学特征：在日本冲绳1年发生1代，在我国台湾1年发生1～2代。25℃下，卵期约5d，幼虫期约44d，蛹期约9d。老熟幼虫在宿存叶鞘与茎干间，以危害后的纤维包裹作茧化蛹。成虫有明显负趋光性，遇惊吓有假死现象，多躲藏于叶鞘内或幼虫蛀道内，产卵于椰子或甘蔗茎干内或叶鞘内，有时也产卵于叶脉间（王相平等，2008）。

产地与国内分布：广东省内主要分布在广州、深圳、佛山、中山、惠州、江门、肇庆、揭阳、云浮等地。台湾、广西、云南。

原产地及分布现状：原产地为菲律宾的吕宋岛、内格罗岛等地。现分布于菲律宾、日本等地。

传播途径：成虫飞行进行短距离自然扩散，随寄主植物或其种苗或其生物制品的运输进行长距离传播。

危害与防控管理：寄主为椰子、槟榔、海枣、刺葵、散尾葵、蒲葵等棕榈科植物，以及甘蔗等大田作物。主要以幼虫在叶鞘及茎干内部组织钻蛀危害，造成大量纵横交错的孔洞及虫道。棕榈科植物受害较重时叶片枯黄，严重时死亡。甘蔗茎干被蛀后常枯死，田间常见枯死植株。

加强检疫，切断虫源随寄主植物传播的途径；农业防治，对田间死亡的植株及时砍除集中销毁；化学防治可采用注射法、根部施药等方法（王果红等，2005）。

12.红棕象甲

学名：*Rhynchophorus ferrugineus* (Oliver)

分类地位：鞘翅目（Coleoptera）象甲科（Curculionidae）

形态特征：卵长椭圆形，乳白色或乳黄色，表面光滑，具光泽，光滑无刻点。幼虫体粗壮，体表柔软，多皱褶，无足。气门椭圆形，8对。头部发达，突出，具刚毛。腹部末端扁平，略凹陷，周缘具刚毛。初孵幼虫为白色，头部黄褐色。老熟幼虫纺锤形，体宽于头部，淡黄白色，头褐色，口器坚硬。蛹长30～40 mm，初化蛹时乳白色，后逐渐转为黄色、橘黄色，外包裹一层深褐色有光泽的不透明膜，最外面包裹一层取食后的植物纤维作成的茧。

成虫体红褐色。触角膝状，柄节和索节黑褐色，棒节膨大呈红褐色。喙圆柱形，近基部中央向端部具一条中纵脊；雄虫喙表面较粗糙，纵脊两侧各有一列瘤，喙背面近端部1/2处有一丛短的褐色毛；雌虫喙表面光滑无毛，且较细并弯曲。前胸前缘较窄，向后渐宽略呈椭圆形；前胸背板具两排黑斑，排列成前后2行，前排3个或5个，中间一个较大，两侧的较小，后排3个均较大，有极少数个体无上述黑斑；小盾片呈狭长倒三角形。鞘翅较腹部短，鞘翅边缘（尤其侧缘和基缘）和接缝黑色，有时鞘翅全部暗黑褐色，每一鞘翅上具6条纵沟；虫体腹面黑红相间，腹部末端外露；各足腿节和胫节末端黑色，跗节黑褐色（万方浩等，2015）。

生物学特征：一年发生2～3代，卵期2～5d，幼虫期30～90d，蛹期8～20d，成虫寿命63～100d。雌成虫用喙在叶片茎部或茎顶软组织或受伤部位咬一小洞，产卵其中。卵散产，一处一粒，一头雌虫一生可产卵多达200粒。幼虫孵出后，即向四周蛀洞并取食柔嫩组织的汁液，纤维留在虫道周围。幼虫老熟时用纤维筑茧在其中化蛹，待羽化时咬破茧的一端爬出。雌虫一生可交尾数次，交尾后当天即可产卵（环境保护部和中国科学院，2014）。

产地与国内分布：广东省内主要分布在广州、深圳、佛山、东莞、中山、惠州、茂名、湛江、珠海、揭阳、阳江、梅州等地。海南、广西、台湾、云南、西藏、江西、上海、福建、四川、贵州、江苏、浙江等地。

原产地及分布现状：原产亚洲南部及西太平洋美拉尼西亚群岛。现分布于印度、伊拉克、沙特、阿联酋、阿曼、伊朗、埃及、巴基斯坦、巴林、印度尼西亚、马来西亚、菲律宾、泰国、缅甸、越南、柬埔寨、斯里兰卡、所罗门群岛、新喀里多尼亚、巴布亚新几内亚、日本、约旦、塞浦路斯、法国、希腊、以色列、意大利、西班牙、土耳其等地。

传播途径：以成虫的飞翔作近距离传播，以各种虫态随寄主植物的调运作远距离传播。

危害与防控管理：红棕象甲成虫、幼虫均危害棕榈科植物，后者造成损害更大。受害株初期表现为树冠周围的叶子变枯黄，后扩展至树冠中心，心叶也黄萎。虫口多时树干被蛀空，遇大风容易折断。危害到生长点时，生长点腐烂，植株死亡。该物种为我国环境保护部和中国科学院2014年公布的第三批外来入侵动物。

　　加强对疫情的检疫封锁，限制从国内红棕象甲发生区引进和调运棕榈科植物或从国外疫区进口棕榈科大型植株和种苗，在引进这些大型植物体的时候，要实施严格、细致的检疫措施。化学防治主要使用注射药液方法进行防治。防治幼虫时可向树干内注射的药剂有除虫菊酯+增效醚、甲奈威液、丁硫克百威等；或用棉花蘸敌敌畏原药塞入虫孔，并用塑料膜密封熏蒸一周，连续数次即有效；或在植株叶腋处填放氯丹与沙子拌合物，在伤口和裂缝处涂抹煤焦油或氯丹，在树干上打孔，放入1或2片磷化铝等，均能有效控制其危害（万方浩等，2015）。

13.蜂巢奇露尾甲

学名：*Aethina tumida* Murray

分类地位：鞘翅目（Coleoptera）露尾甲科（Nitidulidae）

形态特征：卵块为不规则的簇状；卵呈珍珠白色，表面光滑，形状与蜂卵相似，大小约为蜂卵的 2/3，长约1.40mm，宽约0.26mm；进行孵化的卵，孵化部位呈透明状，且表面有六边形纹路。老熟幼虫乳白色，长约10mm，宽约1.6mm，寡足型；咀嚼式口器，前口式，触角3节，唇基两侧具隆突；胸部3节，每节各1对胸足，前、中胸之间具1对可见气门，前胸背板具浅棕色印痕，中纵线处乳白色；腹部10节，无腹足，第1～8腹节，每节各具1对环形气门，尾节简单，有4个尾突。蛹长约5mm，宽约3mm；初期为珍珠白色，随后体色逐渐加深至深棕色；胸部和腹部有刺状突起。

成虫椭圆形，体色呈深褐色至黑色，体长 5～10mm，体宽约为体长的1/2，触角圆形棒状，前胸背板盾形，鞘翅不能盖及腹端；雌成虫体长比雄成虫稍长。

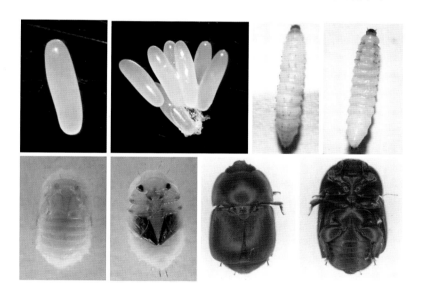

生物学特性：属于完全变态昆虫，其个体发育经过卵、幼虫、蛹和成虫4个虫态，在合适的环境下，每年能繁殖6代。成虫在蜂箱内交尾，通常在蜂箱的小裂缝或空巢房中产卵，卵期1～6d；幼虫以花粉、蜂蜜和蜜蜂幼虫为食，经过10～16d进入完全成熟阶段后便爬到蜂箱外的土壤中化蛹，深度一般不超过10cm，这可能是由于土壤表层存在松散的腐殖质，便于幼虫钻进及成虫钻出，蛹期8～60d；成虫爬行迅速，具飞翔能力，有一定的避光特性，一般隐藏在蜂箱的角落、箱壁的中间、巢框的上梁和底板的碎屑下面，成虫寿命平均为60d，最长可达到180d。

产地与国内分布：广东省内主要分布在广州、汕尾等地。广西、云南、海南等地。

原产地及分布现状：原分布于撒哈拉以南的非洲地区。入侵到美洲、大洋洲、欧洲和亚洲多地。

传播途径：主要随着蜜蜂和蜂产品的国际贸易远距离传播。

危害与防控管理：蜂巢奇露尾甲的幼虫所造成的危害最为严重，幼虫以蜂蜜、花粉和蜜蜂幼虫为食，在觅食过程中在蜂巢内挖洞，破坏巢房，严重时会造成整个蜂巢的崩塌；此外，幼虫的排泄物导致蜂蜜发酵，影响蜂蜜的颜色和气味，起泡并溢出巢房，甚至流出蜂箱；幼虫所经之处还会留下一种黏稠状物质并带有臭味，这种物质会迫使蜜蜂弃巢逃离，随后蜂王也将停止产卵，进而影响整个蜂群；成虫的危害相对较小，但是当成虫个体数量很高时，可能会导致蜂群弃巢。

用熟石灰和硅藻土处理土壤，可以提高土壤pH，降低土壤湿度，使蜂巢奇露尾甲幼虫无法正常化蛹，降低其繁殖率；10%（w/w）蝇毒磷对蜂巢奇露尾甲有广泛的毒性，可以杀死其成虫和幼虫；0.036%～0.060%氟虫腈应用于蜂箱底部，可以显著并且快速地减少蜂巢奇露尾甲成虫的数量（张明明等，2021）。

14.三叶草斑潜蝇

学名：*Liriomyza trifolii*（Burgess）

别名：三叶斑潜蝇

分类地位：双翅目（Diptera）潜蝇科（Agromyzidae）

形态特征：卵呈圆形，米色略透明，将孵化时卵色呈浅黄色。幼虫蛆状，共3龄，初孵无色略透明，渐变淡黄色，末龄幼虫为橙黄色。蛹椭圆形，围蛹，初蛹呈橘黄色，后期蛹色变深呈金棕色，脱出叶外化蛹。

成虫体长约1.3～2.3mm。虫体主要呈黑灰色和黄色，头部的额区黄色。触角3节均黄色，触角芒淡褐色。腹部可见7节，各节背板黑褐色，腹板黄色。

生物学特征：三叶草斑潜蝇分卵、幼虫、蛹、成虫4个虫态。成虫在叶片正面取食和产卵，卵产在叶表下；幼虫孵出后，即潜食叶片造成潜道；在土壤表层或叶面上化蛹；完成1个世代大约需要3周。该虫一年可发生多代，部分地区达10代以上。在温室内，全年都能繁殖（蒋明星等，2019）。

产地与国内分布：广东省内主要分布在广州、深圳、佛山、中山、江门、珠海、阳江等地。台湾、海南、浙江、云南、上海、广西、福建、江苏等地。

原产地及分布现状：原产于北美洲。现已扩散到美洲、欧洲、非洲、亚洲、澳洲和太平洋岛屿的80多个国家和地区。

传播途径：成虫飞翔能力有限，主要随寄主植物的调运进行远距离传播扩散。

危害与防控管理：寄主范围广泛，包括多种蔬菜、花卉、粮食作物和经济作物以及多种杂草。主要以幼虫潜食寄主叶片，幼虫在叶片内潜食，形成不规则虫道，降低植物光合作用，严重时导致落叶甚至枯死，使花卉、果蔬等园艺植物的观赏和商品价值下降或丧失该物种为环境保护部2010年公布的第二批外来入侵动物。

化学防治可根据该虫的不同虫态选择合适的农药，如乙基谷硫磷、氟铃脲等；生物防治可释放潜蝇姬蜂；物理防治可用黄板诱杀成虫。另外，在作物生长期间，可采用间作套种形成保护带，然后集中处理保护带。在作物采收后，毁灭植物残枝，清除温室或田间内外杂草，挖沟深埋可能被蛹感染的土壤，或利用薄膜覆盖和灌溉相结合的方法消除土壤中的蛹。

15.美洲斑潜蝇

学名：*Liriomyza sativae* Blanchard

分类地位：双翅目（Diptera）潜蝇科（Agromyzidae）

形态特征：卵长椭圆形，长0.3～0.4mm，宽0.15～0.2mm，初期淡黄白色，后期淡黄绿色，水渍状。幼虫体色初期淡黄色，中期淡黄橙色，老熟幼虫黄橙色。体圆柱形，稍向腹面弯曲，各体节粗细相似，前端稍细，后端粗钝。头部后面11节，其中第1～3节为胸部，第4～11节为腹部。围蛹椭圆形；初蛹淡黄色，中期黑黄色，末期黑色至银灰色。

雌成虫体长约2.1mm，前翅长1.7～1.9mm；雄成虫体长约1.4mm，前翅长1.3～1.5mm。头部鲜黄色。触角具芒状，第3节圆形，从该节侧面伸出触角芒，触角密生微细感觉毛。中胸背板亮黑色，小盾片黄色，中侧片黄色，其上散布大小易变的黑斑。中胸背板两侧各有背中鬃4根，第1～2根的距离是第2～3根的两倍，第3～4根的距离与第2～3根的约相等。中鬃4列，排列不规则。足基节和腿节鲜黄色，胫节以下较黑，前足黄褐色，后足黑褐色。翅灰色透明，翅腋瓣和平衡棒黄色。腹部长圆形，大部黑色，仅背片两侧黄色（曹毅等，1999；万方浩等，2015）。

生物学特征：美洲斑潜蝇世代短，繁殖能力强。雌成虫以产卵器刺伤叶片，吸食汁液；雄成虫虽不刺伤叶片，但也在伤孔取食。雌成虫把卵产于部分伤孔的表皮下，卵经2～5d孵化。幼虫潜入叶片或叶柄危害，幼虫期4～7d，末龄幼虫咬破叶表皮后在叶片表面或土表下化蛹，蛹经7～14d羽化为成虫（徐海根和强胜，2018）。

产地与国内分布：广东省内大部分地市。全国广泛分布。

原产地及分布现状：原产巴西。现分布于南美洲、北美洲、非洲、亚洲的几十个国家和地区。

传播途径：具有一定的迁移扩散和飞行能力，但主要还是通过寄主植物的调运进行远距离传播。

危害与防控管理：寄主谱广，主要危害葫芦科、豆科和茄科植物，以菜豆、豇豆、黄瓜、西葫芦、番茄等蔬菜受害最重。以幼虫和成虫危害叶片，幼虫取食叶片正面叶肉，形成先细后宽的蛇形弯曲或蛇形盘绕虫道，其内有交替排列整齐的黑色虫粪，老虫道后期呈棕色的干斑块区，一般1虫1道，1头老熟幼虫1天可潜食3 cm左右。幼虫和成虫的危害可导致幼苗全株死亡，造成缺苗断垄；成株受害，可加速叶片脱落，造成减产。此外，取食的同时还可传播病害，特别是传播某些病毒病，降低花卉观赏价值和叶菜类食用价值。

农业防治根据美洲斑潜蝇对不同寄主植物的嗜好性差异，采用作物轮作倒茬和休闲的农事措施。另外还可以采用生物防治和化学防治方法控制其危害（万方浩等，2015）。

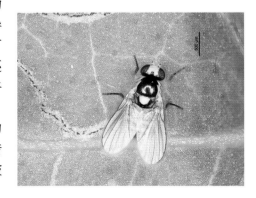

16.橘小实蝇

学名：*Bactrocera dorsalis* (Hendel)

别名：柑橘小实蝇、东方果实蝇、橘寡鬃实蝇

分类地位：双翅目（Diptera）实蝇科（Tephritidae）

形态特征：卵梭形，乳白色。幼虫蛆形，黄白色。蛹椭圆形，黄褐色。成虫体长7～8mm，全体深黑色和黄色相间。头部复眼间、颊区黄色，单眼区黑色，靠近额缝两侧各有1黑圆斑。胸部背面大部分黑色，中胸有黄色的U形斑纹，小盾片黄色，中足胫节有红棕色端距。腹部椭圆形，黄色，第1、2节背面各有一条黑色横带，从第3节开始中央有一条黑色的纵带直达腹端，构成一个明显的T形黑色斑纹。雌虫产卵管发达，由3节组成，黄色，扁平（徐海根和强胜，2018）。

生物学特征：卵产于果皮内，每孔5～10粒或更多。幼虫孵化后在果内危害，老熟后脱果入土化蛹，入土深度通常在3～4cm。各虫态历期随季节不同而变化，低温季节延长。国内分布区每年发生3～10代，广东1年7～8代，且无严格越冬过程，世代重叠严重，以5～10月虫口密度较高。成虫有明显的趋化性，需不断补充营养，喜在皮薄、成熟的果上产卵，寿命长，生殖力强，具有一定的远距离迁移能力（万方浩等，2015）。

产地与国内分布：广东省内大部分地市。台湾、海南、四川、贵州、云南、广西、福建、香港、湖北、湖南、江西、安徽、浙江、江苏、上海、北京等地。

原产地及分布现状：原产东南亚。已扩散到北美洲、大洋洲和亚洲许多国家和地区。

传播途径：可随受害果品及其包装材料和运输工具等远距离传播；此外，该虫飞行能力强，成虫可近距离飞行扩散。

危害与防控管理：寄主多达250多种，包括栽培果蔬作物及野生植物，主要有橄榄、番石榴、杨桃、番木瓜、柑橘、橙、柚、芒果、番荔枝、枇杷、黄皮、香蕉、葡萄、番茄、茄子、西瓜、辣椒等。成虫产卵于果实内，幼虫孵化后蛀食果肉，使果实未熟先黄，提前脱落；被害果易腐烂，严重影响果品的产量和质量（林进添等，2004）。

采取检疫、清园、释放寄生蜂、诱杀和化学防治等措施在一定程度上可控制虫源和降低田间虫口密度。对落果、烂果多而未能及时清除的果园应进行土壤处理，在成虫羽化前深翻土灭虫。对经济价值较高的水果，如柚子、番石榴、枇杷、芒果等，在果实成熟软化前统一套袋（万方浩等，2015）。

17.瓜实蝇

学名：*Bactrocera cucurbitae* (Coquillett)

分类地位：双翅目（Diptera）实蝇科（Tephritidae）

形态特征：卵细长，梭形，乳白色，长0.8～1.3mm。幼虫蛆状，初为乳白色，长1.1mm；老熟幼虫米黄色，长10～12mm，前小后大，尾端最大，呈截形。截形面上有2个突出颗粒，呈黑褐色或淡褐色。口脊17～23条。前气门指状突16～20个。气门毛细长，多数于端部分枝，背腹丛6～12根，每侧丛4～6根。蛹米黄色至黄褐色，长4.5～6.0mm，圆筒形。

成虫体形似蜂，黄褐色至红褐色，长7～9mm，宽3～4mm，翅长约7mm，雌虫比雄虫略小，初羽化成虫体色较淡，体大小不及产卵成虫的一半。复眼茶褐色或蓝绿色，复眼间有前后排列的两个褐色斑，触角黑色，后顶鬃和背侧鬃明显。前胸背部两侧各有1黄色斑点，中胸两侧各有1较粗黄色竖条斑，背面有并列的3条黄色纵纹，后胸小盾片黄色至土黄色，基部有1红褐色至暗褐色狭横带。肩胛、背侧胛、横缝前每一侧小斑黄色。小盾鬃一般仅1对，偶见2对。足黄色或黄褐色，腿节淡黄色，各足腿节端部1/3和前后足胫节为暗褐色。翅膜质，透明，有光泽，亚前缘脉和臀区各有1长条斑，翅尖有1圆形斑，径中横脉和中肘横脉有1前窄后宽的斑块，翅斑深棕黄色至褐色。腹部黄褐色，近椭圆形，第2背板的前中部有一褐色狭短带，第3背板的前部有一褐色长横带，从横纹中央向后直达尾端有1黑色纵纹，2纹形成1个明显的T形，第4、5背板的前侧部具褐色斑纹。雄虫第3背板具栉毛，第5腹板的后缘略向内凹。雌虫产卵器扁平，坚硬，产卵管基节黄褐色，长约1.7mm（马锞等，2010；徐海根和强胜，2018）。

生物学特征：一年发生多代，世代重叠。成虫白天活动，雌虫产卵于嫩瓜内，每次产几粒至10余粒，每雌可产数十粒至百余粒。幼虫孵化后即在瓜内取食，将瓜蛀食成蜂窝状，以致腐烂、脱落，老熟幼虫在瓜落前或瓜落后弹跳落地，钻入表土层化蛹。成虫对糖、酒、醋及芳香物质有趋性（蒋明星等，2019）。

产地与国内分布：广东省内大部分地市。江苏、福建、海南、广西、贵州、云南、四川、湖南、台湾等地。

原产地及分布现状：原产于印度和斯里兰卡。广泛分布于东南亚国家和地区。

传播途径：主要以卵和幼虫随寄主植物调运远距离传播，成虫具有一定的飞行扩散能力。

危害与防控管理：瓜实蝇的危害主要通过雌虫产卵于幼嫩瓜果内，幼虫取食瓜果造成严重腐烂、落果，对瓜果品质和产量损失严重，尤其以苦瓜和丝瓜受害较重。

人工摘除并处理受害瓜，同时对落瓜附近的土面喷施辛硫磷；毒饵诱杀成虫；在成虫盛发期，可选用溴氰菊酯、灭杀毙等药剂喷药防治，每3～5d喷一次，连续2～3次（徐海根和强胜，2018）。

18.草地贪夜蛾

学名：*Spodoptera frugiperda* (J. E. Smith)

别名：伪黏虫、秋行军虫、秋黏虫、草地夜蛾

分类地位：鳞翅目（Lepidoptera）夜蛾科（Noctuidae）

形态特征：初产卵块呈淡绿色，逐渐变褐色，即将孵化时呈灰黑色，卵块表面覆盖雌虫腹部鳞毛。幼虫6个龄期，初孵时全身绿色，具黑线和斑点。老熟幼虫体色多为褐色，在头部具黄白色倒Y形斑，腹部末节有呈正方形排列的4个黑斑。被蛹，化蛹初期体淡绿色，逐渐变为红棕色至黑褐色。

雄成虫，翅展32～40 mm，头、胸、腹灰褐色。前翅狭长，灰褐色，夹杂白色、黄褐色与黑色斑纹。环形纹、肾形纹明显；环形纹黄褐色，边缘内侧较浅，外侧为黑色至黑褐色，环形纹上方有1黑褐色至黑色斑纹；肾形纹灰褐色，前后各有1黄褐色斑点，后侧斑点较大，左右两侧均有一白斑，左侧白斑可与环形纹相连，渐变为黄褐色。前翅顶角处有一较大白色斑纹，为典型特征，前翅合拢时左右两翅顶角白斑可与白色亚缘线相连。外缘线黄褐色，颜色较浅，缘毛黑褐色，外缘线与亚缘线翅脉间有"工"字形黑色斑点。前翅肩角处有黑色内凹线条，前翅前缘靠近顶角处有4个黄褐色斑点。后翅淡白色，顶角处有1灰色斑纹，外缘线白色，缘毛淡黄色或白色。雌成虫，翅展32～40 mm，头、胸、腹、前翅均为灰褐色。前翅狭长。环形纹、肾形纹明显，环形纹内侧为灰褐色，边缘为黄褐色；肾形纹灰褐色夹杂黑色和白色鳞片，边缘为黄褐色，不连续；肾形纹与环形纹有1条白色线相连。外缘线、亚缘线、中横线、内横线明显，外缘线黄白色，亚缘线白色，中横线黑色波浪状，内横线黑褐色。前翅顶角处靠近前缘有1白色斑，较雄虫小且不明显；前缘至顶角处有4个黄褐色斑点；前翅缘毛灰黑色。后翅为淡白色，顶角处有1灰色斑纹，外缘线白色，缘毛黄白色（赵胜园等，2019）。

生物学特征：草地贪夜蛾是完全变态昆虫，分为卵、幼虫、蛹和成虫4个虫态，对温度的适应性强，11～30 ℃都是其适宜的温度范围，在28 ℃条件下，30 d左右即可完成一个世代。成虫繁殖能力强，雌成虫寿命一般7～21 d，单头雌虫平均一生可产卵1 500粒；无滞育现象。成虫是夜间活动，迁飞能力强。

产地与国内分布：广东省内大部分地市。香港、广西、贵州、湖南、海南、福建、云南、浙江、江西、湖北、四川、重庆、河南、安徽、江苏、上海、西藏、陕西、山东、甘肃、山西、宁夏、内蒙古、河北、北京、天津、辽宁等地。

原产地及分布现状：原产于美洲热带和亚热带地区，并在美洲大陆广泛分布，现已入侵到非洲和亚洲的众多国家。

传播途径：草地贪夜蛾成虫可在几百米的高空中借助风力进行远距离定向迁飞。通过交通工具运输夹带幼虫也是重要的传播方式。

危害与防控管理：目前在我国发现的草地贪夜蛾主要危害玉米、甘蔗、高粱。在玉米上，低龄幼虫取食叶片形成半透明薄膜"窗孔"，高龄幼虫取食叶片形成不规则的长形

孔洞，甚至长出的新叶严重被害，呈破烂状，也可取食未抽出的玉米雄穗和幼嫩果穗。

　　成虫发生高峰期，可采取高空杀虫灯、性诱捕器以及食诱剂等理化诱控措施，诱杀成虫。卵期可积极开展人工释放赤眼蜂等天敌昆虫控害技术。当田间玉米被害株率或低龄幼虫量达到防治指标时，可选用甲氨基阿维菌素苯甲酸盐、乙基多杀菌素、氯虫苯甲酰胺、四氯虫酰胺、茚虫威、虱螨脲、虫螨腈等高效低风险农药，注意重点喷洒心叶、雄穗或雌穗等关键部位（全国农业技术推广服务中心，2021）。

19.椰子木蛾

学名：*Opisina arenosella* Walker

异名：*Nephantis serinopa* Meyrick

分类地位：鳞翅目（Lepidoptera）木蛾科（Xyloryctidae）

别名：黑头履带虫、椰蛀蛾、椰子织蛾

形态特征：卵半透明乳黄色，长椭圆形，具有纵横网格。成熟幼虫长20～25mm，头和前胸黑褐色，中胸两侧红褐色，中胸背面和后胸及腹部淡绿色，腹部背面及侧面通常有5条褐色纵纹。幼虫5～8个龄期。雌、雄幼虫大小相似，雄性6～8龄，腹部第9节前缘腹中腺表面有一圆形凹陷，雌虫无此凹陷，这一特征可用于辨别幼虫的性别。蛹包被在混合寄主碎屑和虫粪的丝质茧中，裸露的蛹褐色至红褐色，腹部第1～4节背面前缘有刺列，其中第2～4节的较为明显。

成虫翅展18～24mm。头部灰白色。下唇须乳白色，第2节腹面和内侧密布灰白色长鳞毛，鳞毛端部杂黑色；第3节散布黑褐色鳞片。触角柄节土黄色；鞭节乳白色，杂黑褐色。胸部和翅基片黄色至暗灰色，散布黑色鳞片。前翅狭长，前缘略拱，顶角钝，外缘弧形后斜。前、中足乳白色，前足转节和腿节腹侧黑色，胫节外侧黑色，跗节具浅褐色环；后足土黄色。腹部2～6节有背刺（李后魂等，2014）。

生物学特征：雌虫将卵成堆产在叶片背面，卵通常产在老叶上。1头成虫平均产卵140粒，卵期约5d，幼虫期约40d。老熟幼虫在蛀道内化蛹，蛹期约10d左右，成虫寿命约5～7d；1年发生4～5代，完成1代约需2个月。

产地与国内分布：广东省内主要分布在深圳、佛山、中山、珠海等地。广西、海南。

原产地及分布现状：原产南亚。现主要分布在印度、斯里兰卡、孟加拉国、巴基斯坦、缅甸、印度尼西亚、泰国和马来西亚等地。

传播途径：主要随寄主植物进行远距离人为传播，也可依靠成虫的飞翔进行自然传播。

危害与防控管理：椰子木蛾的寄主有棕榈科、芭蕉科。其可危害不同年龄的棕榈科植物，幼虫从植物的下部叶片向上取食危害，逐渐向其他叶片扩展。幼虫取食叶片并在叶背面形成蛀道，蛀道内粪便与其吐丝交织。每个叶片上可有几头幼虫，严重受侵染的植株，叶片干枯，除顶端少数叶片外，整个树冠均被侵害。椰子木蛾具有繁殖能力强、生长周期短、全年可危害的特点，对寄主的危害相当严重。该物种为我国环境保护部和中国科学院2016年公布的第四批入侵动物。

加强对来自东南亚等疫区国家棕榈科等寄主植物及产品、运输工具等的进境检疫。削减和烧毁被害叶片和枯叶等，可以减少虫源（环境保护部和中国科学院，2016）。

20.蔗扁蛾

学名：*Opogona sacchari* (Bojer)

别名：香蕉蛾

分类地位：鳞翅目（Lepidoptera）辉蛾科（Hieroxestidae）

形态特征：卵椭圆形，淡黄色，长约0.5mm。幼虫乳白色，透明。被蛹，亮褐色，背面暗红褐色，首尾两端多呈黑色。

成虫体长7.5～10mm。翅披针形。前翅有2个明显的黑褐色斑点和许多细褐纹。触角丝状。足粗壮而扁，跗节最长，后足胫节有2对距。

生物学特征：1年发生3～4代，在15℃时生活周期约为3个月，在温度较高的条件下，可达8代之多。幼虫活动能力极强，行动敏捷，蛀食皮层、茎秆，咬食新根。以幼虫在寄主花木的土中越冬，翌年幼虫上树危害，多在3年以上巴西木的干皮内蛀食。卵散产或成堆，每雌虫产卵50～200粒。

产地与国内分布：广东省内主要分布在广州、深圳、佛山、东莞、中山、惠州、江门、茂名、珠海、汕头等地。北京、海南、广西、福建、上海、江苏、浙江、山东、河北、新疆、吉林、甘肃、江西和湖北等地。

原产地及分布现状：原产非洲热带、亚热带地区。目前在欧洲、南美洲、西印度群岛、美国等地区也有发现。

传播途径：主要随寄主植物（特别是巴西木、发财树等）的贸易和运输进行传播和扩散。

危害与防控管理：蔗扁蛾食性广泛，寄主植物达60余种，威胁香蕉、甘蔗、玉米、马铃薯等农作物及温室栽培的植物，特别是一些名贵花卉等。感染植物轻则局部受损，重则将整段干部的皮层全部蛀空。该物种为国家环保总局2003年公布的首批外来入侵动物。

幼虫越冬入土期，是防治此虫的有利时机。可用菊杀乳油等速杀性的药剂灌浇茎的受害处，并用敌百虫制成毒土，撒在花盆表土内。大规模生产温室内，可挂敌敌畏布条熏蒸，或用菊醋类化学药剂喷雾防治。当巴西木茎局部受害时，可用斯氏线虫局部注射进行生物防治（国家环保总局和中国科学院，2003）。

21. 曲纹紫灰蝶

学名: *Chilades pandava* (Horsfield)

分类地位: 鳞翅目 (Lepidoptera) 灰蝶科 (Lycaenidae)

形态特征: 卵轮状, 直径约0.3mm, 厚约0.15mm, 卵面排列有序的凸状物, 中间有明显孵化孔。卵单粒, 黏附在叶芽或嫩的小叶片背面的叶槽中, 初产时浅青色, 后呈灰色。幼虫体长11~12mm, 灰红色、青黄色2种, 背面有疏短的黑毛, 头、尾部杂有一些白毛。气门明显, 气门线下有1条浅红色线状纹。腹背末节有1对能伸缩的肉角刺。腹足趾钩为横排多行带状列。蛹肥短如芒果状, 长约9mm, 粗约4mm, 初蛹灰红色、灰青色, 临羽化时灰黑色。

成虫翅展22~32mm。触角长7mm, 黑色球杆状, 顶部橘黄色, 18节, 节间有白环。雌雄异型。雄蝶翅面紫色, 具有光泽, 前翅外缘黑带较窄, 后翅贴近外缘各室内有1个黑色斑, 前缘深灰色, 具尾突, 翅腹面灰色, 外中区与外缘间有较多黑色斑点, 有白色边相伴, 臀区有1块较黑色圆斑, 伴有较明显橙色斑; 雌蝶翅背面深灰色, 前翅中部有较暗蓝色鳞斑, 后翅有1个橙色斑, 旱湿季腹面花纹有所不同 (韦启元, 2006; 深圳职业技术学院植物保护研究中心, 2019)。

生物学特征: 初孵幼虫停在卵壳旁, 不食不动, 数小时后开始取食, 1~2d能将嫩叶咬成缺刻, 3~4d食量渐大, 5~8d食量猛增, 幼虫爬行缓慢, 受惊时有坠地丝连或伸出肉角刺的习性。1~4代老熟幼虫在苏铁茎头周围枯枝落叶中化蛹, 越冬代在表土中化蛹。成虫上午8~10时羽化, 9时羽化最盛; 飞翔能力强, 白日晴天在寄主上空低飞追逐活动, 寻偶交配、产卵, 上午10时左右交配最盛, 交配虫体呈"一"字形, 憩息于叶面上, 数小时后产卵, 把卵产在寄主的叶芽绒毛丛中或嫩叶小叶片背面叶槽里 (韦启元, 2006)。

产地与国内分布: 广东省内大部分地市。广西、香港、福建、台湾、上海、北京、贵州、浙江、湖南、四川、江西、陕西等地。

原产地及分布现状: 主要分布在印度、印度尼西亚、缅甸、马来西亚、新加坡、斯里兰卡等地。

传播途径：主要随寄主植物调运远距离传播，成虫也有一定的飞翔转移能力。

危害与防控管理：主要危害苏铁属植物。幼虫只危害当年抽出的新叶，初孵幼虫潜入拳卷羽叶内啃食嫩羽叶，随虫龄增大取食量急剧增加，造成新生羽叶残缺不堪，甚至只剩下叶柄和叶轴。防治曲纹紫灰蝶必须采用以加强检疫为基础的综合治理策略，重点防治越冬代和第1代，采取合理措施压低虫口基数，综合防治控制全年危害（郑婷等，2018）。

22.红火蚁

学名：*Solenopsis invicta* Buren

分类地位：膜翅目（Hymenoptera）蚁科（Formicidae）

形态特征：主要以工蚁形态特征鉴定种类。工蚁体色棕红色至棕褐色，略有光泽，体长2.5～7mm。复眼黑色，由数十个小眼组成。触角10节，端部两节膨大呈棒状。中小型工蚁唇基两侧各有1齿，内缘中央有1个三角形小齿，齿基部上方着生刚毛1根。有翅型雌蚁体长8～10mm，头及胸部棕褐色，腹部黑褐色，着生翅2对，头部细小，触角呈膝状，胸部发达，前胸背板亦显著隆起。雌蚁婚飞交配后落地，将翅脱落结巢成为蚁后。雄蚁体长7～8mm，体黑色，着生翅2对，头部细小，触角呈丝状，胸部发达，前胸背板显著隆起。

生物学特征：社会性昆虫，生活于土壤中。成熟种群数量可达20万～50万头。蚁后每天产1 500～5 000粒卵，经过20～45d发育为中小型工蚁、30～60d发育为中大型工蚁、80d发育为大型兵蚁、蚁后和雄蚁。蚁后寿命约6～7年，工蚁和兵蚁寿命约1～6个月。新建蚁巢经过4～5个月开始成熟并产生有翅生殖蚁，进行婚飞活动。食性杂，工蚁具明显攻击性（环境保护部，2010）。

产地与国内分布：广东省内大部分地市。台湾、香港、澳门、浙江、福建、江西、湖北、湖南、广西、海南、重庆、四川、贵州、云南等地。

原产地及分布现状：原产南美洲。现分布于南美洲多国、美国、澳大利亚、马来西亚等地。

传播途径：自然传播包括爬行、飞行或随水流扩散等；人为传播包括随带土的花卉、苗木、草皮等植物调运传播，以及随垃圾、堆肥、农耕机具设备、货柜和运输工具等传播。

危害与防控管理：取食农作物的种子、幼芽、嫩茎、根系和果实等，给农作物造成相当程度的伤害；通过竞争、捕食，减少无脊椎动物及脊椎动物数量，破坏生物多样性；人体被红火蚁螫针刺后有灼伤般疼痛感，可出现水泡、脓包，敏感体质人群出现局部或全身过敏，甚至休克、死亡；对公共设施如电力、通信系统有一定危害（环境保护部，2010）。该物种为我国环境保护部2010年公布的第二批外来入侵动物。

红火蚁防控主要采用饵剂诱杀为主、粉剂和灌巢灭杀为辅的化学防治技术。在每年4～5月和9～11月是红火蚁防控关键时期，可因地制宜组织开展红火蚁统一防除工作。对蚁巢密度较低且分布较分散的发生区，可采用毒饵法或粉剂法进行单蚁巢处理；对蚁巢密度较大、分布普遍，或诱集到红火蚁数量较多、分布普遍但活蚁巢密度较低的发生区，可采取毒饵撒播法进行防治；在红火蚁严重发生区域，可采用"二步法"开展防治，即先大面积撒播毒饵，再用饵剂或粉剂灭治单个蚁巢相结合的方法；在人体健康或重要设施等受到严重威胁、急需尽快处理的发生区域，可采取药液灌巢法、粉剂灭巢法开展防治。红火蚁化学防治应选用"三证"齐全、低毒、高效的红火蚁专用药剂产品，饵剂的饵料要求引诱力强、颗粒大小适中、易于工蚁搬运（广东省农业农村厅，2020）。

（四）两栖纲 Amphibia

23. 牛蛙

学名：*Rana catesbeiana* Shaw

别名：美国青蛙

分类地位：无尾目（Anura）蛙科（Ranidae）

形态特征：体大粗壮，体长 152 ~ 170mm。头长宽相近，吻端钝圆，鼻孔近吻端朝向上方，鼓膜甚大。背部皮肤略显粗糙。卵粒小，卵径 1.2 ~ 1.3mm。蝌蚪全长可在 100mm 以上。

生物学特征：在水草繁茂的水域生存和繁衍。蝌蚪多底栖生活，常在水草间觅食活动。成蛙除繁殖季节集群外，一般分散栖息在水域内。食性广泛且食量大，觅食对象包括昆虫及其他无脊椎动物，还有鱼、蛙、蝾螈、幼龟、蛇、小型鼠类和鸟类等，甚至有互相吞食的行为。1 年可产卵 2 ~ 3 次，每次产卵 10 000 ~ 50 000 粒。3 ~ 5 年性成熟。寿命 6 ~ 8 年。

产地与国内分布：广东省内大部分地市。几乎遍布北京以南地区，除西藏、海南、香港和澳门外，均有自然分布。

原产地及分布现状：原产地为北美洲落基山脉以东地区，北到加拿大，南到佛罗里达州北部。已在世界各地广泛分布。

传播途径：因食用而被广泛引入世界各地。

危害与防控管理：早期的养殖和管理方法不当是造成其扩散的主要原因。国内贸易和消耗品加工过程中缺乏严格管理，动物在长途贩运和加工过程中逃逸现象普遍。牛蛙适应性强，食性广，天敌较少，寿命长，繁殖能力强，具有明显的竞争优势，易于入侵和扩散。影响本地两栖类的生物多样性，同时对一些昆虫种群也存在威胁。该物种为国家环保总局 2003 年公布的首批外来入侵动物。

加强牛蛙饲养管理以及对餐饮业的控制，以免入侵范围进一步扩大。改变饲养方式，由放养改为圈养。在蝌蚪阶段进行清塘性处理来控制种群数量。捕捉牛蛙成体，以控制其在自然生境中的数量（国家环保总局，2003）。

（五）爬行纲Reptilia

24.巴西龟

学名：*Trachemys scripta elegans* (Wied-Neuwied)

分类地位：龟鳖目（Testudines）龟科（Emydidae）

形态特征：巴西龟头、颈、四肢、尾均布满黄绿蓝镶嵌粗细不匀的纵纹，头部两侧有2纵条红斑，老年个体彩纹及红斑消失，变为黑褐色。背腹甲密布黄绿镶嵌且不规则的斑纹。腹甲黄色，每一盾片有暗色大斑。指、趾间具蹼，尾较短。成年雄性个体，足的前端具有伸长并弯曲的爪。

生物学特征：巴西龟喜静怕噪，喜暖怕冷，生性好动，对环境有较强的适应能力。食性杂，耐饥饿，稚、幼龟阶段多以小鱼虾、动物瘦肉等为主要食物，成龟阶段可摄食植物性饲料，包括藻类、浮萍及水中浮出的其他草本植物，以及甲壳类动物和各种软体动物。在自然条件下，巴西龟的性成熟年龄一般为四、五龄。巴西龟的产卵期在6～9月，一年产卵3～4次，年产卵45只左右，最高可达90只，在气温24～25℃下，50～70d可孵出稚龟。适宜温度为20～34℃，温度降至14℃以下时停止摄食，降至11℃以下时进入冬眠，最适温度为32℃。

产地与国内分布：广东省内大部分地市。全国广泛分布。

原产地及分布现状：原产美国中南部，沿密西西比河至墨西哥湾周围地区。已经在除南极洲之外的所有大洲上都发现有野生个体的存活。

传播途径：人为携带传播为主。

危害与防控管理：宠物丢弃、养殖逃逸、错误放生等导致巴西龟在野外普遍存在。巴西龟排挤本地物种，对入侵地的本土龟造成严重威胁；还传播沙门氏杆菌，在美国每年大约有100万～300万的人感染此病菌，其中14%的病例由龟类传染。该物种为我国环境保护部和中国科学院2014年公布的第三批外来入侵动物。

巴西龟不可以放生到野外，严格控制养殖场的逃逸（环境保护部和中国科学院，2014）。

主要参考文献

曹毅、李人柯、林锦英，等.1999.美洲斑潜蝇生物学特征及发生规律的研究.华南农业大学学报
　　(2): 3-5.

陈进军，黎秋旋，肖俊梅.2005.飞机草在广东的分布、危害及化学成分预试.生态环境，14(5)：
　　686-689.

陈景芸.2019.五种斑潜蝇形态特征比较研究及重要种的遗传结构分析.扬州：扬州大学.

陈泽坦、张小冬、张妮，等.2010.不同温度条件下新菠萝灰粉蚧实验种群生命表.热带作物学报
　　(3): 464-468.

广东省农业农村厅.2020.关于印发《广东省红火蚁阻截防控方案》的通知.粤农农函
　　[2020]544号[A/OL].(2020-06-18) [2021-08-01]. http://dara. gd. cn/tzgg2272/content/
　　post_3021287. html.

国家环境保护总局.2003.关于发布中国第一批外来入侵物种名单的通知.环发[2003]11号[A/
　　OL].(2003-01-10) [2021-08-01]. https://www.mee.gov.cn/gkml/zj/wj/200910/t20091022_172155.

何国锋、温瑞贞、张古忍，等.2001.蔗扁蛾生物学及温度对发育的影响.中山大学学报(自然科
　　学版)，40(6): 63-66.

何衍彪、詹儒林、刘映红，等.2013.菠萝粉蚧种类调查及发生规律研究.热带作物学报，34(6):
　　1161-1165.

环境保护部.2010.关于发布中国第二批外来入侵物种名单的通知.环发[2010]4号[A/OL].
　　(2010-01-07) [2021-08-01]. http://www. mee. gov. cn/gkml/hbb/bwj/201001/t20100126_184831.
　　htm.

环境保护部和中国科学院.2014.关于发布中国外来入侵物种名单(第三批)的公告.环发
　　[2014]57号[A/OL]. (2014-08-20) [2021-08-01]. http://www. mee. gov. cn/gkml/hbb/bgg/201408/
　　t20140828_288367. htm.

环境保护部和中国科学院.2016.关于分布中国自然生态系统外来入侵物种名单(第四批)的公告.
　　环　发[2016]78号[A/OL]. (2016-12-20) [2021-08-01]. http://www. mee. gov. cn/gkml/hbb/bgg/201612/
　　t20161226_373636. htm.

黄标、邓业余、郑立权，等.2015.新菠萝灰粉蚧生物学特征与发生规律的研究.安徽农业科学，
　　43(29): 147-149.

黄标、赵家流、夏李虹，等.2015.新菠萝灰粉蚧综合防治技术研究与示范推广.安徽农业科学，
　　43(32): 274-278.

蒋明星,冼晓青,万方浩.2019.生物入侵:中国外来入侵动物图鉴.北京:科学出版社.

姜玉英,刘杰,谢茂昌,等.2019.2019年我国草地贪夜蛾扩散为害规律观测.植物保护,45(6):10-19.

鞠瑞亭,杜予州,于淦军,等.2003.蔗扁蛾生物学特性及幼虫耐寒性初步研究.昆虫知识,40(3):255-258.

李海斌,武三安.2013.外来入侵新害虫—无花果蜡蚧.应用昆虫学报,50(5):1295-1300.

李红梅,韩红香,张润志,等.2005.中国大陆外来入侵昆虫名录Ⅱ(乔格侠,陈洪俊,肖晖.昆虫学研究进展.)北京:中国农业科学技术出版社:10-17.

李后魂,尹艾荟,蔡波,等.2014.重要入侵害虫—椰子木蛾的分类地位和形态特征研究(鳞翅目,木蛾科).应用昆虫学报,51(1):283-291.

李元文,梁铅飞,熊泽瑞.2005.埃及吹绵蚧的发生及防治初报.广东园林(6):36-37.

李叶,林培群,余雪标,等.2010.外来植物入侵研究.广东农业科学,37(5):156-159.

李振宇,解焱.2002.中国外来入侵种.北京:中国林业出版社.

林晓佳,吴蓉,陈昊健,等.2013.新菠萝灰粉蚧研究进展.浙江农业科学(11):1387-1391.

刘东明,伍有声,高泽正,等.2004.曲纹紫灰蝶生物学特性及其防治.林业科技,29(2):24-26.

刘洋,石娟.2020.气候变化背景下埃及吹绵蚧在中国的适生区预测.植物保护,46(1):108-117.

林进添,曾玲,陆永跃,等.2004.桔小实蝇的生物学特性及防治研究进展.仲恺农业技术学院学报,17(1):60-67.

吕俊峰,林小琳.2008.进境植物检疫性有害生物名录中外来入侵昆虫的检疫与监管.广东农业科学(11):51-54.

刘根龙.2007.有害生物埃及吹绵蚧的危害与防治研究——对广州地区的试验与调查.武汉:华中农业大学.

刘东明,陈红锋,易绮斐,等.2003.埃及吹绵蚧在木兰科植物上的发生危害及防治.植物保护,29(6):36-38.

陆永跃,曾玲,王琳.2004.危险性害虫褐纹甘蔗象的识别及风险性分析.仲恺农业技术学院学报,17(1):7-11.

马锞,张瑞萍,陈耀华,等.2010.瓜实蝇的生物学特性及综合防治研究概况.广东农业科学,37(8):131-135.

马金双.2013.中国入侵植物名录.北京:中国高等教育出版社.

马金双.2014.中国外来入侵植物调研报告(下卷).北京:高等教育出版社.

莫林,张红莲.2014.飞机草地理分布、危害、传播和防治技术的研究进展.广西农学报,29(6):44-46.

农业农村部.2019.关于印发《全国农业植物检疫性有害生物分布行政区名录》的通知[A/OL].(2019-05-16)[2021-08-02].http://www.moa.gov.cn/nybgb/2019/201906/201907/t20190701_6320036.htm.

齐国君,吕利华.2016.广东省农林重要外来有害昆虫的入侵现状及地理分布格局.生物安全学报,25(3):161-170.

全国农业技术推广服务中心.2021.2021年草地贪夜蛾防控技术方案.http://www.moa.gov.cn/gk/nszd_1/2021/202103/t20210311_6363448.htm.

强胜,陈国奇,李保平,等.2010.中国农业生态系统外来种入侵及其管理现状.生物多样性,18(6):647-659.

邱东萍,黄道城,庄文宋.2007.揭阳市4种严重危害性外来入侵植物分析.江西农业学报,19(11):36-37.

商晗武、吴惠玲、陈再寥、等.2001.蔗扁蛾的为害特征及检疫防治技术.浙江农业科学(4)：205-207.

深圳职业技术学院植物保护研究中心.2019.深圳蝴蝶图鉴.北京：科学出版社.

温瑞贞、张古忍、何国锋、等.2002.新侵入害虫蔗扁蛾生活史.昆虫学报，45(4):556-558.

万方浩、郑小波、郭建英.2005.重要农林外来入侵物种的生物学与控制.北京：科学出版社.

万方浩、郭建英、张峰.2009.中国生物入侵研究.北京：科学出版社.

王芳、王瑞江、庄平弟、等.2009.广东外来入侵植物现状和防治策略.生态学杂志，28(10)：2088-2093.

王果红、陈镜华、韩日畴.2005.褐纹甘蔗象生物学特征及其防治研究进展.昆虫天敌，27(3): 127-133.

王瑞江、陈雨晴、郭晓明、等.2019.广州入侵植物.广州：广东科技出版社.

王相平、张梅根、温小遂、等.2008.防范外来危险性害虫褐纹甘蔗象入侵为害.江西植保，31(3): 125-126.

问锦曾、王音、雷仲仁.1996.美洲斑潜蝇中国新纪录.昆虫分类学报，18 (4): 311-312.

汪兴鉴、黄顶成、李红梅、等.2006.三叶草斑潜蝇的入侵、鉴定及在中国适生区分析.昆虫知识，43(4): 540-545.

万方浩、侯有明、蒋明星.2015.入侵生物学.北京：科学出版社.

韦启元.2006.曲纹紫灰蝶指名亚种的生物学特性及防治.昆虫知识，43(6): 870-872.

吴秋芳、花蕾.2006.烟粉虱研究进展.河南农业科学(6): 19-24.

肖良.1994.三叶草斑潜蝇.中国进出境动植检(2): 41-42.

徐海根、强胜.2018.中国外来入侵生物(修订版)(下册).北京：科学出版社.

殷玉生、顾忠盈、周明华.2006.侵入性害虫——蔗扁蛾的研究进展.检验检疫科学，16(1): 76-78.

杨益芬、闫芳芳、张瑞平、等.2020.烟粉虱的生物学特征、测报及防控技术研究进展.安徽农学通报. 26(2): 101-103.

叶华谷、彭少麟、陈海山、等.2006.广东植物多样性编目.广州：广东世界图书出版公司.

曾宪锋、陈美凤、黄曼容、等.2018.华南归化植物暨入侵植物.北京：科学出版社.

曾宪锋、陈燕、邱贺媛、等.2014.广东外来入侵植物.北京：团结出版社.

曾宪锋、林晓单、邱贺媛、等.2009.粤东地区外来入侵植物的调查研究.福建林业科技，36(2): 174-179, 249.

郑婷、徐建峰、张益、等.2018.苏铁害虫曲纹紫灰蝶的发生与防治研究进展.现代园艺(13), 148-151.

赵胜园、罗倩明、孙小旭、等.2019.草地贪夜蛾与斜纹夜蛾的形态特征和生物学习性比较.中国植保导刊， 39(5): 26-35.

张明明、李志刚、赵红霞、等.2021.警惕外来入侵物种——蜂巢奇露尾甲对我国蜂产业的威胁.环境昆虫 学报，43(2): 529-536.

张润志、任立、曾玲.2002.警惕外来危险害虫褐纹甘蔗象入侵.昆虫知识，39(6): 471-472.

Liu J, Chen H, Kowarik I, et al. 2012. Plant invasions in China: an emerging hot topic in invasive science. NeoBiota, 15: 27-51.

Lowe S J. Browne M, Boudjelas S, et al. 2004. 100 of the World's Worst Invasive Alien Species, A Selection from the Global Invasive Species Database. Auckland, New Zealand; The Invasive Species Specialist Group (ISSC) a specialist group of the Species Survival Commission (SSC) of the World Conservation Union (IUCN): 1-12.